本专著由"辽宁省河鲀良种繁育及健康养殖重点实验室建设项目（2021JH13/10200005）和大连市重点领域创新团队项目（2021RT07）"资助出版

水生动物免疫防御酶 L-氨基酸氧化酶

SHUISHENG DONGWU MIANYI FANGYUMEI
L-ANJISUAN YANGHUAMEI

黎睿君 ◎ 著

U0195541

海洋出版社

2023年·北京

图书在版编目（CIP）数据

水生动物免疫防御酶 L– 氨基酸氧化酶 / 黎睿君著 . --
北京：海洋出版社，2023.10
ISBN 978-7-5210-1172-2

Ⅰ . ①水… Ⅱ . ①黎… Ⅲ . ①水生动物—防疫—研究
Ⅳ . ① S94

中国版本图书馆 CIP 数据核字（2023）第 186187 号

责任编辑：刘　斌
责任印制：安　森

海洋出版社　出版发行

http://www.oceanpress.com.cn

北京市海淀区大慧寺路 8 号　邮编：100081
鸿博昊天科技有限公司印刷
2023 年 10 月第 1 版　2023 年 10 月第 1 次印刷
开本：787mm×1092mm　1/16　印张：11.25
字数：280 千字　定价：88.00 元
发行部：010-62100090　邮购部：010-62100072　总编室 010-62100034
海洋版图书印、装错误可随时退换

序　言

　　水生动物在生物进化中地位特殊，是独特的生活环境中孕育的特有的生命现象。水生动物在变温、高渗和低氧的生活环境下不断进化，拥有与陆生生物截然不同的基因组和代谢规律，从而产生了一系列功能独特、具有巨大应用潜力的活性物。通过不断地揭开水生动物活性物的神秘面纱，可为开发新型药物、生物制品、水产动物新品种和其他功能产品提供重要来源。

　　L-氨基酸氧化酶（L-amino acid oxidase，LAAO）能够立体特异性催化L-氨基酸氧化脱氨生成α-酮酸、氨和H_2O_2。该酶类具有抑菌、抗病毒、杀灭寄生虫及抗肿瘤等生物学功能。人类的LAAO在免疫调节中的作用已经成为研究热点，该LAAO由抗原提呈细胞产生，可将苯丙氨酸氧化为苯丙酮酸，通过抑制T细胞增殖、分化并限制B细胞增殖，发挥免疫抑制作用，参与机体感染防御，作为肿瘤不良预后相关基因，参与肿瘤免疫逃逸，在自身免疫性脱髓鞘疾病中，调节小胶质细胞极化表型，促进髓鞘再生。与此同时，水生动物LAAO近年来也被频繁报道，但其研究的深度与广度依然相对薄弱。笔者近年来一直致力于L-氨基酸氧化酶研究，先后发现了黄斑蓝子鱼对刺激隐核虫病具有天然抗性，在其血清中分离到了对刺激隐核虫具有显著杀灭活性的SR-LAAO，获得了天然抗微生物蛋白SR-LAAO的cDNA全长序列，并实现了SR-LAAO体外重组表达，开展了SR-LAAO重组蛋白的抗微生物功能研究。水生动物LAAO研究受到广泛关注，LAAO的深入研究

1

可为开发新型鱼药，揭示鱼类酶学免疫机制以及抗病育种选育提供参考。本书整理了目前水生动物 LAAO 的相关研究，包括：L-氨基酸氧化酶研究概况，斑马鱼、许氏平鲉、星斑川鲽、黄斑蓝子鱼、卵形鲳鲹、大西洋鲑鱼、大西洋鳕鱼、鲐鱼、石斑鱼的 L-氨基酸氧化酶相关研究，以期使读者全面了解目前水生动物 LAAO 的研究概况，为相关学者、研究生深入开展 LAAO 研究提供参考。

本书吸纳了目前水生动物 LAAO 的主要研究成果，笔者对书中提及和未提及的相关研究的作者一并表示诚挚的谢意，有不足之处，请多多指教。

著者

2023 年 6 月 6 日

目　录

1

第一章 L-氨基酸氧化酶概述

一、L-氨基酸氧化酶的定义

生物界中的各种蛋白质几乎都是由 L-氨基酸构成的，含 D-氨基酸的极少。什么是 L-氨基酸？在氨基酸中，与羧基直接相连的碳原子上有个氨基，这个碳原子上连接的基团或原子都不一样，该碳原子被称为手性碳原子。当一束偏振光通过它们时，光的偏振方向将被旋转，根据旋光性的不同，分为左旋和右旋，即 L 系和 D 系，如 D-丙氨酸是右旋，L-丙氨酸是左旋，恰似左手和右手，互为镜像；而构成天然蛋白质的氨基酸几乎都是 L 系；一般也称 D 型、L 型氨基酸。

L-氨基酸被氧化成相应的 α-酮酸和氨的首次报道出现在 1910 年的一次小鼠灌胃模型实验中。随后在大鼠肾脏和肝中分离到了能通过酶促反应使 L-氨基酸的立体定向脱氨的 L-氨基酸氧化酶（LAAO）。然而，研究发现，LAAO 在其他哺乳动物的不同组织中的含量不同，在一些组织中含量较少或几乎检测不到，推测 LAAO 可能在动物基础代谢中并不是完全不可缺少。近几十年来，从细菌到脊椎动物，均发现了具有广泛生物活性的 LAAO，其中蛇毒的 LAAO 受到了特别的关注。在 LAAO 的进化分析研究中，脊椎动物、真菌和腹足类 LAAO 属于不同的系统发生类群，而细菌型 LAAO 并不能构成独立的类群，但与其他物种的 LAAO 以及 D-氨基酸氧化酶（DAAO）存在系统发育关系。综合目前的研究，水生动物 LAAO 的研究相对匮乏，本书将在随后的章节重点介绍水生动物 LAAO 截至目前的研究情况。

二、L－氨基酸氧化酶的结构与反应

LAAO（BRENDA EC 1.4.3.2）是以黄素腺嘌呤二核苷酸（FAD）或黄素单核苷酸（FMN）为辅酶的酶类。该酶类可以氧化催化 L－氨基酸产生 α－酮酸、氨（NH_4^+）和过氧化氢（H_2O_2）（图 1-1）。截至目前，几种蛇毒 LAAO 的晶体结构已经解析，其结果为揭示 LAAO 催化机制提供了参考依据。LAAO 的催化反应包括两个步骤：第一步，通过质子转移形成亚氨基酸中间体的还原反应，质子从 L－氨基酸的氨基转移到 LAAO 辅酶 FAD 的异咯嗪环，形成的亚氨基酸通过非酶促水解形成 α－酮酸和氨。第二步，分子氧进入 LAAO 催化位点重新氧化形成 FAD，产生过氧化氢（图 1-1）。虽然 LAAO 可以分解代谢大多数天然 L－氨基酸，但 LAAO 通常更偏好疏水性氨基酸，如苯丙氨酸、色氨酸、酪氨酸和亮氨酸。蛇类 LAAO 的相关研究表明，这些酶在较大的 pH 和温度范围内都具有活性，温度范围为 0~50℃，LAAO 可保持活性，但当温度至 0℃ 以下时，该酶逐渐失活（-15~ -30℃ 的失活程度最强），酶的失活率受到 pH 和缓冲液的影响，因温度下降引起的 LAAO 失活可逆转。

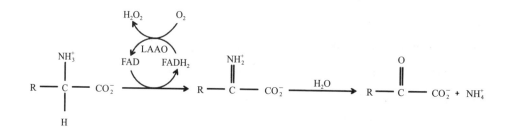

图 1-1　LAAO 反应图

LAAO 的分子量一般为 50 000~70 000 Da，但其分子量表现出的差异通常会受到 N－糖基化修饰的影响。LAAO 通常包含 3 个结构域：FAD 结合结构域、底物结合结构域和螺旋结构域。在红口蝮蛇（*Calloselasma rhodostoma*）LAAO 的 5~25 位、7~129 位、233~236 位和 323~420 位氨基酸组成了底物（苯丙氨酸）的结合区域，第二级晶体结构观察显示，苯丙氨酸与辅因子（FAD）结合是通过苯丙氨酸的羧酸基团与 LAAO 的 Arg90 胍基团以盐桥的形式相互结合，并与 LAAO 的 Tyr372 羟基形成氢键。位于红口蝮蛇 LAAO 的底物通道入口的两个活性位点氨基酸 His223 和 Arg322 的交替构象改变分别被认为对底物的结合和产物的释放尤为重要，螺旋结构域则构成了漏斗状入口通往活性位点的一侧。

LAAO 的生化研究表明，LAAO 多数以二聚体形式存在，但也存在四聚体。在大具窍蝮蛇（*Bothrops atrox*）毒液的 LAAO 的结晶分析中，LAAO 的二聚体通过以不对称组装的方式与单体的 FAD 和底物结合。此外，单体界面处的保守锌结合位点可以使二聚体更稳定。基于柠檬酸盐或 α-氨基苯甲酸盐复合物的红口蝮蛇晶体结构分析表明，4 个亚基排列在一个不对称单元中，形成四聚体。然而，大具窍蝮蛇 LAAO 晶体结构分析数据表明，四聚体结构可能是结晶堆积的形成，并非天然的四聚体结构。与蛇毒 LAAO 不同，浑浊红球菌（*Rhodococcus opacus*）LAAO 缺乏糖基化位点，其二聚化是由于其独特的螺旋结构域而形成。截至目前，还没有哺乳动物和鱼类 LAAO 的直接晶体学研究数据。通过生物信息学的方法，使用 I-Tasser 和 Pymol 程序进行建模研究，结果表明，人类 L-氨基酸氧化酶 IL4I1 具有 3-D 球状结构，与红口蝮蛇 LAAO 的二级结构比较分析，除了 IL4I1 的 C 末端具有 α 螺旋外，二者大多数的 α 螺旋和 β 螺旋组成相似。此外，老鼠和人的 IL4I1 的 C 末端并非完全一致，也存在差异。

蛇毒 LAAO 是被高度糖基化的，每个亚基可能含有高达 3.7 kDa 分子量的糖。红口蝮蛇和巨蝮蛇（*Lachesis muta*）LAAO 均具有两个糖基化位点，且都分别位于 Asn172 和 Asn361，表明蛇类的糖基化分布可能较为保守。MALDI-TOF 分析结果显示，红口蝮蛇的 LAAO 糖基是双唾液酸化、双触角、核心岩藻糖基化的十二糖。LAAO 的糖基化对于酶的溶解度、分泌量和一些条件下的生物活性至关重要。研究表明，用衣霉素（阻断 N 连接糖基化）处理 Apoxin I（响尾蛇毒液 LAAO）和哺乳动物 LAAO（IL4I1）会降低 LAAO 活性和分泌量。此外，这些 LAAO 的糖部分被认为间接参与了 LAAO 细胞毒性。

值得一提的是，LAAO 酶活性可以被特定抑制剂阻断，如苯甲酸及其衍生物。但苯甲酸非 LAAO 的特异性抑制剂，Castellano 等的研究表明，苯甲酸同时可以阻断过氧化物酶的活性，过氧化物酶常用于 LAAO 活性测定。此外，也有研究报道了其他的一些抑制，如马兜铃酸、色氨酸衍生物和 L–炔丙基甘氨酸，其中 L–炔丙基甘氨酸能不可逆地抑制蛇毒 LAAO 的活性。

三、LAAO 表达与功能

研究表明，LAAO 在原核生物和真核生物中广泛存在，两者在 LAAO 的相关活性位点上具有较高的相似性。几种细菌（包括大肠杆菌、枯草芽孢杆菌、混浊红球菌和奇异变形杆菌）产生的 LAAO 可能对多种脂肪族和芳香族 L–氨基酸具有酶学特异性，在某些情况下，细菌产生的酶具有抗菌活性并参与细菌种间竞争，如寡发酵链球菌（*Streptococcus oligofermentans*）通过自身的 LAAO 氧化催化 L–氨基酸产生的过氧化氢可抑制变形链球菌（*Streptococcus mutans*）的生长。此外，哺乳动物细胞 LAAO 同样具有抗微生物活性。LAAO 在某些丝状真菌，如构巢曲霉（*Aspergillus nidulans*）中，通过氧化土壤中的氨基酸产生氮源来促进生长。高等真菌中的 LAAO 活性集中在子实体中，据报道，其存在于鬼笔鹅膏菌（*Amanita phalloides*）和肉色杯伞（*Clitocybe geotropa*）的剧毒种中。LAAO 在动物中也逐渐报道，它们在软体动物和一些鱼类的防御机制中发挥作用，由美国加州海兔（*Aplysia californica*）产生的 LAAO 具有抗菌以及抗敌害捕食功能。鲭鱼 LAAO 和凋亡诱导蛋白（AIP）仅在寄生虫异尖线虫的幼虫感染鱼时产生，AIP 位于幼虫周围形成的囊腔中，被认为在鱼体抗感染过程中发挥重要作用。在黄斑蓝子鱼血清中分离到了具有显著抗微生物活性的 LAAO（SR–LAAO），该酶对刺激隐核虫、多子小瓜虫、链球菌等多种病原具有杀灭活性。

脊椎动物中的爬行动物的 LAAO 已被广泛研究，尤其是来自蝰蛇科和眼镜蛇科的一些属，包括响尾蛇属、具窍蝮蛇属、蝰属、红口蝮属和环蛇属，这些蛇毒液的 LAAO 可能参与其毒性作用。蛇毒液分离源的 LAAO 已经有较多的研究报道。蛇毒 LAAO 已被证明，可通过激活 Caspase 和诱导促凋亡蛋白的表达来促进哺乳动物细胞的凋亡。由活化的 LAAO 产生的高水平过氧化氢是诱导细胞坏死的原因，而细胞凋亡可能是由 LAAO 结合细胞后其聚糖部分内化介导的，诱导细胞凋亡可能与LAAO酶的催化活性无关。对肿瘤细胞系的抑制增殖以及细胞毒性作用，使LAAO有望成为抗肿瘤药物。当然在作为治疗药物的过程中，应考虑到LAAO作为蛋白质的天然抗原性及其促炎症的特性。在不同实验条件下，蛇毒LAAO可以激活或抑制血小板聚集，从而引起出血。抗凝血除了LAAO对内皮细胞的毒性作用外，也可能是LAAO抑制了凝血因子IX的活性，但后一种效应仍是一个有争议的问题。综上所述，迄今描述的所有蛇毒LAAO均可引起溶血和组织水肿。

多数研究表明，LAAO功能的发挥归因于H_2O_2引起的氧化应激，在体外使用谷胱甘肽或过氧化氢酶可显著降低LAAO对细胞凋亡、血小板聚集以及一些抗菌和抗寄生虫作用。在对哺乳动物LAAO（IL4I1）的研究中，在氧化氨基酸过程中产生的NH_3已被证明可以放大H_2O_2介导的杀菌作用。NH_3也可能参与增强其他H_2O_2介导的生物效应。

四、哺乳动物 LAAO 研究

与蛇毒LAAO研究相比，哺乳动物LAAO研究相对匮乏。在最近10年中，哺乳动物苯丙氨酸氧化酶IL4I1的某些功能已经被破译，并指出了其在调节适应性免疫应答中的作用。哺乳动物LAAO最早在肝和肾脏方面进行了研究报道，随后在哺乳动物的精子、大脑、乳汁和免疫细胞等方面均有相关的研究报道。精细胞源LAAO底物偏好芳香族氨基酸和精氨酸，这类LAAO存在于精子的头部，并在精子死亡时释放，已被证明LAAO会限制精子活力。在大脑方面已报道了两种类型的LAAO：一种是以赖氨酸为底物的LAAO，参与Pipecolic acid pathway哌可酸途径；另外一种为白细胞介素4诱导基因1（IL4I1）。乳汁源LAAO具有广泛的催化氨基酸的底物谱，其mRNA在小鼠妊娠后期和哺乳期显著表达。当注射金黄色葡萄球菌时，除小鼠乳腺控制感染的能力显著低于野生型小鼠外，突变小鼠表现出更严重的临床症状以及更高的死亡率。该研究结果表明了小鼠乳汁中的LAAO发挥了显著抗菌功能，但奶牛乳汁中的LAAO的表达量以及抗菌活性显著低于小鼠乳汁中的LAAO，这表明不同物种乳汁中的

LAAO 的抗菌活性及发挥的作用差异较大。同时研究表明，患有乳腺炎的奶牛的 LAAO mRNA 显著表达，这依然体现了奶牛乳汁中的 LAAO 发挥了重要的抗菌作用。除了在低等动物身上发现的 LAAO 抗感染功能外，哺乳动物 LAAO 的研究表明，LAAO 在免疫功能中发挥了重要作用，如 IL4I1。

哺乳动物 IL4I1 与免疫调节的有关研究。IL4I1 因小鼠脾 B 细胞经白细胞介素 4（IL-4）刺激后产生该蛋白的 mRNA 而命名，IL4I1 基因与已报道的 LAAO 具有较高的相似性（AIP 为 43%，Apoxin I 为 37%），推测 IL4I1 具有 LAAO 类似的相关功能，后续的小鼠和人类 IL4I1 的研究也证实了该猜测。在人类 DNA 数据库中，筛选到了 IL4I1 的 5 种亚型（isoform），但均产生相同的成熟蛋白，5 种亚型的区别在于 5′ 非翻译区和编码信号肽的前两个外显子差异。亚型 1 的 LAAO 主要在淋巴组织中表达，亚型 2 的 LAAO 在睾丸导管外围的支持细胞和神经系统的少数细胞（如小脑中的浦肯野细胞、嗅球的僧帽细胞和海马体细胞）中高度表达（图 1-2）。

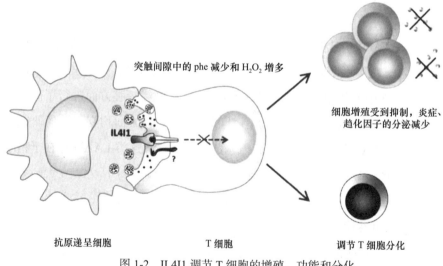

图 1-2　IL4I1 调节 T 细胞的增殖、功能和分化

研究表明，小鼠和人类的 IL4I1 均为分泌型糖基化 LAAO，苯丙氨酸为其最适底物，可酶解精氨酸。IL4I1 部分通过 H_2O_2 产生直接限制 T 淋巴细胞活化和增殖，IL4I1 通过一定浓度酶的聚集与 T 细胞表面的 T 细胞受体结合启动细胞内

负调控信号来抑制 T 细胞功能。

　　人类 IL4I1 在慢性 T 辅助 1 型（Th1）介导的炎症（如结节病、结核肉芽肿和肿瘤）反应中的单核细胞 / 巨噬细胞和树突状细胞中表达（图 1–3）。在被霉菌 – 烟曲霉感染期间的肺泡 Ⅱ 型细胞中也检测到了 LAAO 表达。根据这些观察，IL4I1 表达的诱导是由炎症和 Th1 刺激介导的，如病原体相关分子模式（Toll 样受体的配体）、肿瘤坏死因子（TNF）α 和干扰素（IFN），且通过 NFκB 和 STAT1。IL4I1 可能通过减少炎症趋化因子、IL–2 和 IFN γ 的产生或通过限制病原体的生长来限制局部 Th1 炎症或参与其消退，因为 IL4I1 还具有一些祖先的抗菌功能。有趣的是，据报道，小鼠巨噬细胞中的 IL4I1 表达受 Th2 型刺激物的控制。

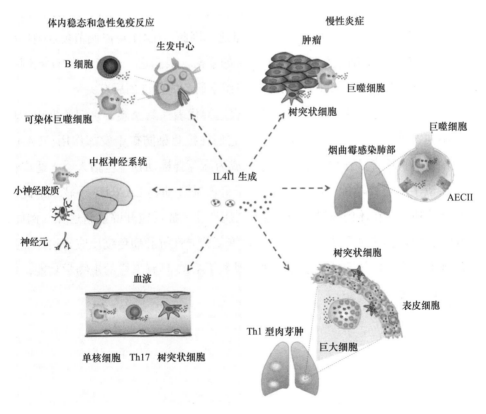

图 1-3　IL4I1 在体内的表达

IL4I1 也由 IL–4 和 CD40L 刺激的外周血 B 细胞表达，它们分别激活 STAT6 和 / 或 NFκB 通路，并且已在生发中心 B 细胞中检测到，即参与 T 细胞依赖性免疫反应（图 1–3）。因此，研究证明了 IL4I1 在调节 B 细胞分化中的关键作用，特别是在生发中心阶段，在源自生发中心的 B 细胞淋巴瘤中也检测到 IL4I1。此外，如上所述，IL4I1 由大多数类型的肿瘤相关巨噬细胞强烈表达，并且已被证明在肿瘤逃避特定免疫反应中发挥作用。事实上，IL4I1 在移植肿瘤或自发性黑色素瘤小鼠模型中的表达，与抗肿瘤免疫反应的减弱、T 细胞浸润减少和肿瘤侵袭性增强有关。

在某些 CD4$^+$T 细胞类型中也检测到 IL4I1。特别是，它由 Th17 细胞或经历 Th17 分化的 T 细胞表达，在 RORγT 主基因的控制下，通过限制细胞周期进程，从而限制这种高度促炎细胞类型的致病性（图 1–3）。此外，IL4I1 使初始 CD4$^+$T 细胞分化偏向 FoxP3$^+$调节性 T 细胞。因此，IL4I1 可以调节炎症微环境（如癌症）中效应 T 细胞与抑制性 T 细胞的平衡。根据这一功能，IL4I1 基因被证明与人类乳腺癌微解剖肿瘤基质的转录组学研究的不良预后有关。

LAAO 是从原核生物到脊椎动物的表达的代表性酶家族，它们的生物学功能在不同物种中具有相似性和独特性，它们在抗感染防御中发挥作用。LAAO 对微生物的直接毒性作用可能已经进化成为高等脊椎动物（包括人类）适应性免疫反应中的重要功能。IL4I1 是表征最好的哺乳动物 LAAO，并显示出此类免疫调节功能。在体内操纵 IL4I1 为控制病理性炎症反应开辟了新途径。例如，IL4I1 活性的化学抑制可能代表一种通过恢复特异性抗肿瘤免疫反应来治疗癌症的新辅助策略。但关于种类繁多的水生动物 LAAO 具有怎样的生物学功能，依然有待逐步揭开。

第二章　水生动物 L-氨基酸氧化酶的研究概况

　　L-氨基酸氧化酶（L-amino acid oxidase，LAAO）能够立体特异性催化 L-氨基酸氧化脱氨生成 α-酮酸、氨和 H_2O_2。已报道该酶类具有抑菌、抗病毒、杀灭寄生虫及抗肿瘤等生物学功能。本章将介绍已报道的水生动物 LAAO 的研究进展，主要包括基本特征、组织分布情况和生物学功能，旨在为后续水生动物 LAAO 的进一步研究提供参考。LAAO 在自然界中分布广泛，已经在细菌、真菌、藻类、蛇类、鱼类及哺乳动物类中被报道，其中蛇毒源 LAAO 研究最为深入。但截至目前水生动物 LAAO 的研究报道相对较少，仅在许氏平鲉（*Sebastes schlegeli*）、星斑川鲽、大西洋鳕鱼、黄斑蓝子鱼、石斑鱼等水生动物中分离到。2003 年，Nagashima 等报道从许氏平鲉黏液中分离纯化出具有抑菌作用的 LAAO，对杀鲑气单胞菌（*Aeromonas salMonicida*）、美人鱼发光杆菌（*Photobacterium damselae*）和腐败希瓦氏菌（*Shewanella putrefaciens*）等革兰氏阴性菌具有显著的抑制生长作用。Wang 等研究表明，黄斑蓝子鱼（*Siganus Canaliculatus*）血清 LAAO 对刺激隐核虫（*Cryptocaryon irritans brown*）、多子小瓜虫（*Ichthyophthirius multifiliis*）、布氏锥虫（*Trypanosoma brucei*）具有强烈的杀灭作用，并从中分离到了具有显著抗微生物作用的 LAAO。Iijima 等报道从截尾海兔（*Dolabella auricularia*）蛋白腺分泌物中分离到的 LAAO 可在体外诱使小鼠淋巴瘤细胞 EL-4 凋亡，推测其具有抗肿瘤的作用。

一、水生动物 LAAO 的基本特征

1. 结构特征、分子质量及等电点

研究表明，LAAO 家族酶类多由两个非共价结合的亚基组成，分子质量范围为 93~150 kDa，单体具有 3 个结构域：FAD 结合域、底物结合域和螺旋域。截至目前报道的水生动物 LAAO 亚基分子质量范围为 52~85 kDa，存在着二聚体、三聚体和四聚体的结构。研究表明，许氏平鲉黏液 LAAO 为同源二聚体结构，分子质量为 120 kDa，亚基相对分子质量为 53 kDa；黑斑海兔（*Aplysia kurodai*）卵的匀浆液上清中分离出由 3 个分子质量不同的亚基组成的 250 kDa 的 LAAO；黄斑蓝子鱼血清分离的 LAAO 经蛋白质谱分析，结果表明，其单体分子质量约为 61.7 kDa，非变性凝胶电泳的结果显示黄斑蓝子鱼 LAAO 为同源四聚体。海兔（*Aplysia punctata*）墨汁、大西洋鳕鱼黏液分离的 LAAO 证实了其单体结构中具有辅酶 FAD 及 FAD 结合域，但关于其 LAAO 晶体结构的深入研究报道较少。

在目前的研究中，水生动物 LAAO 的等电点为 4.0~6.2，偏酸性，如许氏平鲉黏液、海兔墨汁、棘头床杜父鱼黏液、星斑川鲽黏液、大西洋鳕鱼黏液、黄斑蓝子鱼血清分离的 LAAO 等电点分别为 4.5、4.59、4.96、5.3、5.85 和 6.13。

2. 氧化催化特异性

L–氨基酸氧化酶在自然界分布较为广泛，不同物种来源的 LAAO 催化底物范围具有差异。目前，水生动物分离的 LAAO 对氨基酸的氧化催化活性谱较窄，如许氏平鲉黏液和海兔墨汁分离出的 LAAO 只检测到对 L–赖氨酸具有活性；海兔的墨汁只对 L–赖氨酸和 L–精氨酸具有氧化催化特异性。关于水生动物 L–氨基酸的氧化催化活性机制有待进一步验证和深入研究。

3. 热稳定性

水生动物 LAAO 具有热稳定性。研究表明，海兔 LAAO 活力稳定的温度范围为 0~50℃，当温度升至 60℃时，酶活性减少 80%，温度达到 70℃时，该酶

失去活性。此外，部分水生动物 LAAO 在室温下可保持较长时间的生物活性。Yang 等在加州海兔墨汁中分离纯化出的 LAAO 在室温下存放 5 个月后依然保持其抗菌生物活性。

二、水生动物 LAAO 的组织分布研究

研究表明，水生动物 LAAO 集中分布在生物体的皮肤、鳃、脾及肾，其中从皮肤及鳃上分离到的 LAAO 较多，推测其在黏液抵抗病原体入侵中发挥着重要的作用。然而，脾和肾作为硬骨鱼类的重要免疫器官，推测 LAAO 在鱼类固有免疫中发挥着重要作用。研究人员采用实时荧光定量 PCR 技术检测病原菌感染的大西洋鳕鱼各组织 LAAO 基因表达情况：迟缓爱德华氏菌（*Edwardsiella tarda*）感染鱼体后，体表皮肤 LAAO 基因的表达量提高了两倍；受鳗弧菌（*Vibrio anguillarum*）感染后，体表皮肤 LAAO 基因的表达量提高了 4 倍，鳃、脾和头肾中的表达量提高了 8 倍。利用许氏平鲉 LAAO 特异性 RNA 探针对鱼体皮肤和鳃组织切片进行原位杂交，表明 LAAO 分布于鱼体表皮的基膜和鳃的上皮组织，半定量 RT–PCR、实时荧光定量 PCR 技术同样证明 LAAO 在许氏平鲉的皮肤和鳃上有表达，在卵巢和肾中也有微量的表达；免疫组织化学的研究结果表明，在星斑川鲽的鳃组织检测到 LAAO 的特异性表达；Kitani 等利用 RT–PCR 技术在大西洋鳕鱼的皮肤、鳃、脾和头肾中检测到阳性信号，在鱼体的肌肉、胃、肠道和肝中未检测到 LAAO 的表达。此外，Wang 等在黄斑蓝子鱼血清中分离到具有生物活性的 LAAO；Yang 等从加州海兔墨汁中分离鉴定出蛋白质分子量为 60 kDa 的 LAAO，另外，海兔的卵匀浆液上清和蛋白腺分泌液中也可分离到具有生物活性的 LAAO。

三、水生动物 LAAO 抗微生物功能研究

1. 抑菌作用及机理

水生动物 LAAO 对多种水产常见病原菌具有抑制作用。许氏平鲉黏液 LAAO 对杀鲑气单胞菌、美人鱼发光杆菌杀鱼亚种、副溶血性弧菌、嗜水气单胞菌

具有较强的抑菌作用,最小抑菌浓度(MIC)分别为 0.078 μg/mL、0.16 μg/mL、0.63 μg/mL、0.31 μg/mL。棘头床杜父鱼(*Myoxocephalus Polyacanthocephalus*)黏液 LAAO 具有较宽的抑菌谱,对革兰氏阴性菌和革兰氏阳性菌均具有抑制作用,对水产养殖中重要的病原菌杀鲑气单胞菌的最小抑菌浓度(MIC)达到 0.02 μg/mL。

推测水生动物源 LAAO 的抑菌作用与 H_2O_2 的产生有关。研究表明,过氧化氢酶可完全抑制许氏平鲉和棘头床杜父鱼黏液 LAAO 的抑菌活性,而许氏平鲉黏液 LAAO 与 H_2O_2 展现相同的抑菌谱。某些细菌可以通过提高抗氧化酶的基因转录水平来抵抗 H_2O_2 造成的伤害。Kasai 等发现,大肠杆菌对星斑川鲽 LAAO 的抗菌活性不敏感,进一步研究发现,大肠杆菌编码谷胱甘肽过氧化物酶(GPx)的基因表达量显著增高,而 GPx 可减少活性氧对细菌的伤害。然而,也有研究表明,水生动物 LAAO 的抑菌作用不完全依赖于 H_2O_2。Ko 等的研究结果表明,加州海兔 LAAO 的抑菌活性依赖于 H_2O_2、α–酮酸及其他催化产物的混合物,同等浓度各组分单独存在时没有抑菌作用。

经过 LAAO 处理后,细菌死亡与其表面出现褶皱、孔洞,形态发生显著的变化有关。Wang 等发现,黄斑蓝子鱼血清 LAAO 可导致金黄色葡萄球菌(*Staphylococcus aureus*)表面出现褶皱并产生分泌物、大肠杆菌表面出现明显的孔洞;Kitani 等的研究表明,许氏平鲉黏液 LAAO 可导致杀鲑气单胞菌表面出现褶皱、副溶血性弧菌表面产生孔洞、美人鱼发光杆菌杀鱼亚种菌体显著伸长。此外,研究发现,水生动物 LAAO 抗菌作用的发生依赖于 LAAO 与细菌表面结合,许氏平鲉黏液 LAAO 可与美人鱼发光杆菌杀鱼亚种结合并发挥抑菌作用,却不与大肠杆菌(*Escherichia coli*)结合,推测这与大肠杆菌对 LAAO 的不敏感有关。

2. 对寄生虫的杀灭作用

黄斑蓝子鱼 LAAO 具有杀灭寄生虫的生物学功能。研究表明,由黄斑蓝子鱼血清中分离到的 LAAO 可导致刺激隐核虫幼虫纤毛脱落、大核膨胀崩解、外膜破裂、内容物溢出。此外,黄斑蓝子鱼的血清对布氏锥虫、多子小瓜虫也具有强烈的杀灭作用,可致虫体裂解及内容物的释放,其中对布氏锥虫的最小杀虫血清浓度为 1.5%，以上杀灭寄生虫的生物活性推测与黄斑蓝子鱼血清中的 LAAO 有关。与之相对应，研究较为深入的蛇毒源 LAAO 也具有杀灭寄生虫的作用：蝮蛇（*Bothrops jararaca*）毒液分离到的 LAAO 对同属锥虫科的利什曼原虫（*Leishmania spp*）具有杀灭活性。关于水生动物 LAAO 杀灭寄生虫的机制有待进一步研究。

四、水生动物 LAAO 抗肿瘤功能研究

研究表明，水生动物 LAAO 具有潜在的抗肿瘤生物学功能。Butzke 等从海兔墨汁中分离纯化出的 LAAO 可在 6~8 h 内通过催化产物 H_2O_2 直接杀死肿瘤细胞 Jurkat T；黑斑海兔卵的匀浆液上清中分离纯化的 LAAO 可在 2~114 ng/mL 的浓度下裂解杀死多种鼠源、人源肿瘤细胞，腹水中含有 1×10^6 MM46 肿瘤细胞的 C3H/He 小鼠腹腔注射 LAAO 后生命显著延长，其中注射 0.4 及 2 单位 LAAO 的小鼠存活时间超过 200 d。Iijima 等的研究显示，截尾海兔（*Dolabella auricularia*）蛋白腺分泌物中的 LAAO 可诱导鼠 T 淋巴细胞瘤细胞 EL–4 的凋亡，推测其有抗肿瘤作用；研究人员发现，当异尖线虫幼虫感染鲐鱼时，从寄生虫感染形成的囊腔中分离纯化到具有生物活性的 LAAO，20 ng/mL 纯化后的蛋白与人类早幼粒白血病细胞 HL–60 共孵育 24 h 可完全杀死肿瘤细胞，通过细胞核染色、流式细胞术分析等方法检测到细胞凋亡的显著特征。

水生动物 LAAO 抗肿瘤活性推测与其氧化催化产生的 H_2O_2 有关。研究报道，海兔墨汁 LAAO 通过特异性催化 L–赖氨酸和 L–精氨酸氧化脱氨产生 H_2O_2，高浓度的 H_2O_2 突破了肿瘤细胞抗氧化能力的极限，进而杀死 Jurkat T 细胞。也有研究表明，水生动物 LAAO 可不依赖于具有细胞毒性的 H_2O_2 而诱导细胞凋亡：添加过量的 H_2O_2 酶后海兔墨汁 LAAO 对肿瘤细胞 EL–4 的毒性仅部分受到抑制，肿瘤细胞依然存在着凋亡的显著特征，如 DNA 的碎裂和 Caspase 3 活性的提高，这个结果表明，截尾海兔 LAAO 可不依赖于 H_2O_2 诱导细胞凋亡。关于水生动物 LAAO 诱导细胞凋亡的机制有待进一步研究，推测水生动物 LAAO 可以作为抗肿瘤药物的研发对象。

五、水生动物 LAAO 异源表达

目前，水生动物 LAAO 异源表达的报道较少，Yang 等将加州海兔墨汁 LAAO 基因在大肠杆菌实现了异源表达，重组蛋白表达量低，对大肠杆菌和金黄色葡萄球菌具有抑制作用，但抑菌活性仅为野生型的 1/3。笔者利用大肠杆菌重组表达了黄斑蓝子鱼血清 LAAO，经复性后的包涵体可导致刺激隐核虫裂解死亡，具有与野生型相近的杀寄生虫的活性。因原核生物表达系统无法进行翻译后修饰，表达产物常以包涵体形式出现。研究人员选取毕赤酵母实现了黄斑蓝子鱼血清 LAAO 的异源表达，重组蛋白可显著抑制多种革兰氏阳性菌及革兰氏阴性菌，扫描电镜观察显示重组蛋白处理后，细菌表面粗糙并有颗粒附着、细胞壁收缩、细胞膜破裂，此外，重组蛋白的抗菌活性受到 H_2O_2 酶的抑制。2015 年，Kasai 等开展了星斑川鲽黏液 LAAO 在毕赤酵母的重组表达，结果表明，重组蛋白可显著抑制葡萄球菌属和耶尔森氏菌属细菌的生长，其中表皮葡萄球菌对重组蛋白最为敏感，对应的最小抑菌浓度（MIC）为 0.078 μg/mL。

六、小结与展望

LAAO 在自然界中分布广泛，其主要研究集中在蛇毒源 LAAO，国内外对水生动物 LAAO 的研究较少。不同来源的水生动物 LAAO 分子理化性质和生物学活性不尽相同，有待进一步研究。水生动物依靠自身免疫系统抵抗病原微生物的入侵，该过程中黏液和血清中的抗菌物质发挥着重要的作用。与此同时，LAAO 在不同水生动物的不同部位都有发现，如皮肤、鳃、血液、脾、肾及一些其他的分泌物中，并且分离到的 LAAO 在体外具有较强的生物学活性（表 2–1），推测水生动物 LAAO 在非特异性免疫机制中发挥了重要作用。水生动物 LAAO 具有广泛的生物学功能，如抑菌、杀寄生虫、抗肿瘤等，但水生动物 LAAO 的相应生物学功能机制研究相对薄弱，其生物学功能很大程度上依赖于催化产物 H_2O_2，但仍然存在不依赖于 H_2O_2 的诱导肿瘤细胞凋亡的现象，因此，水生动物 LAAO 生物学活性的机理研究有待进一步开展。此外，选用合适的表达系统开展水生动物 LAAO 体外异源表达也是该领域研究的热点。

表 2-1 水生动物 LAAO 的分布及生物学功能

物种	分布	功能
星斑川鲽 （*Platichthys stellatus*）	鳃	琼脂扩散法可抑制表皮葡萄球菌、金黄色葡萄球菌、耐甲氧西林金黄色葡萄球菌的生长
棘头床杜父鱼 （*Myoxocephalus Polyacanthocephalus*）	皮肤	对革兰氏阳性和革兰氏阴性菌都具有抑制作用，对杀鲑气单胞菌最小抑菌浓度（MIC）为0.02 μg/mL
大西洋鳕鱼 （*Gadus morhua*）	鳃	鳗弧菌、嗜水气单胞菌的感染会显著影响鳃组织、皮肤、脾和头肾中 LAAO 的基因表达水平
黄斑蓝子鱼 （*Siganus oramin*）	鳃、脾、肾脏、血液	扫描电镜证明对革兰氏阳性菌和革兰氏阴性菌均具有抑制作用；对刺激隐核虫、多子小瓜虫、布氏锥虫有杀灭作用
许氏平鲉 （*Sebastes schlegeli*）	腮、皮肤、肾、血液、卵巢	抑制杀鲑气单胞菌、美人鱼发光杆菌杀鱼亚种、副溶血性弧菌、嗜水气单胞菌的生长，最小抑菌浓度（MIC）分别为0.078 μg/mL，0.16 μg/mL，0.63 μg/mL 和0.31 μg/mL
鲐鱼 （*Chub mackerel*）	囊腔	可诱使人急性早幼粒白血病细胞HL-60凋亡
加州海兔 （*Aplysia californica*）	墨汁	抑制哈氏弧菌、金黄色葡萄球菌、酿脓链球菌和绿脓杆菌，对一些真菌也具有抑制作用
海兔 （*Aplysia punctata*）	墨汁	对人类T淋巴细胞白血病细胞Jurkat T具有杀灭作用
黑斑海兔 （*Aplysia kurodai*）	卵	对多种鼠源、人类源肿瘤细胞具有杀灭作用
截尾海兔 （*Dolabella auricularia*）	蛋白腺	可诱使鼠T淋巴细胞瘤细胞EL-4凋亡

第三章　斑马鱼 L–氨基酸氧化酶研究

　　硬骨鱼类和哺乳动物一样，具有典型的特异性免疫系统和固有免疫系统，一些免疫防御因子如溶菌酶、抗菌肽、补体、转铁蛋白、干扰素、肿瘤坏死因子等，已被广泛证明在鱼类固有免疫系统中发挥了重要作用。L–氨基酸氧化酶是一类以黄素腺嘌呤二核苷酸（FAD）或黄素单核苷酸（FMN）为辅酶的黄素蛋白酶，能特异性催化 L–氨基酸氧化脱氨，生成 α–酮酸、氨和 H_2O_2。该酶类在一些鱼类中已经发现，且具有潜在的抗菌、抗寄生虫和诱导细胞凋亡等活性，关于有模式动物斑马鱼（Zebrafish）LAAO（ZF–LAAO）在应答病原感染过程中被深入报道并用于比较分析研究的较少。

　　无乳链球菌属、革兰氏阳性菌为 β–溶血或不溶血性（γ），可以感染鱼类的肝、脾、肾、眼睛，甚至脑组织，导致细菌性败血症和脑膜炎，是引起尼罗罗非鱼（Oreochromis niloticus）、红罗非鱼（Oreochromis spp.）、胭脂鱼（Liza klunzingeri）、齐口裂腹鱼（Schizothorax prenanti）、鞍带石斑鱼（Epinephelus lanceolatus）、银鲳（Pampus argenteus）等鱼类链球菌病的主要病原菌之一，且对斑马鱼有强致病性。患病斑马鱼通常表现为腹部和胸鳍基部充血、离群游动、体色发黑、眼球突出、打转游动或狂游。部分研究结果表明，LAAO 在体外对无乳链球菌具有强烈的抑杀作用。

一、斑马鱼 LAAO 基因序列分析

　　方框：信号肽；星号：被 N–糖基化的天冬酰胺（Asparagines）；三角符号：被 O–糖基化的苏氨酸（Threonine），如图 3–1 所示。

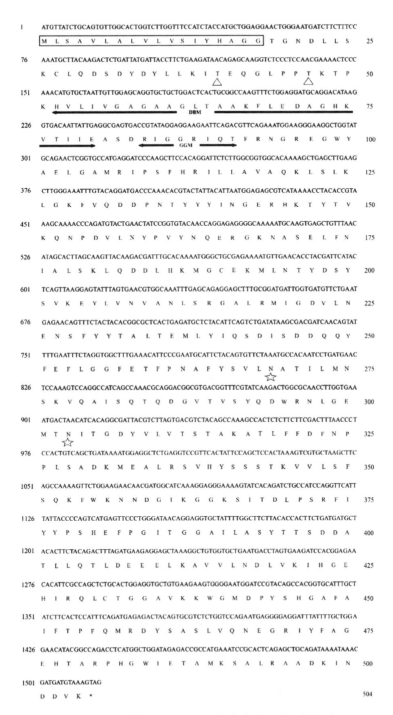

图 3-1　斑马鱼 LAAO 基因 CDS 全序列及编码氨基酸

在图 3–1 中，LAAO 的 CDS 序列长度为 1515 bp，编码 504 个氨基酸，相对分子质量为 56 190.71 Da，理论 PI 值为 6.03，包含一个 18 个氨基酸（1~18）的 SP（Sec/SPI）类型的信号肽。第 52~80 位氨基酸是 LAAO 家族保守结构域 Dinucleotide–Binding Motif（DBM），为 FAD 的结合区域；第 84~91 位氨基酸为 GG–Motif（GGM）（R–x–G–G–R–x–x–T/S），这两个保守结构域是 LAAO 家族成员的特征。在第 269 位和第 303 位氨基酸出现被 N– 糖基化的天冬氨酸（Asparagines），第 40 位和第 47 位氨基酸出现被 O– 糖基化的苏氨酸。LAAO 的不稳定指数（Ⅱ）为 35.46，小于 40，为稳定蛋白。LAAO 亲水性的平均值（GRAVY）为 –0.237，为亲水性蛋白。亚细胞定位是 55.6% 内质网、11.1% 线粒体、11.1% 细胞核、11.1% 高尔基体、11.1% 细胞质，表明该蛋白主要定位在内质网中。与黄斑蓝子鱼（*Siganus oramin*）LAAO（SR–LAAO）相比，ZF–LAAO 的信号肽短 9aa，少编码 23 个氨基酸，多两个 O– 糖基化位点，且与其 44.4% 内质网、33.3% 高尔基体、22.2% 细胞膜的亚细胞定位略有不同。奥尼罗非鱼 LAAO 与 ZF–LAAO 相比，信号肽长 10aa，多编码 7 个氨基酸，并拥有 1 个跨膜结构域。ZF–LAAO 的信号肽长度与大西洋鳕鱼（*Gadus morhua*）LAAO（GM–LAAO）一致，ZF–LAAO 比 GM–LAAO 少编码 18 个氨基酸，多 1 个 N– 糖基化位点。

二、斑马鱼 LAAO 基因结构分析

ZF–LAAO 没有跨膜螺旋结构域，该蛋白为胞外分泌蛋白。在 LAAO 的二级结构中，有 207 个氨基酸结构为 Alpha helix，占比 41.07%；57 个氨基酸结构为 Beta turn，占比 11.31%；102 个氨基酸结构为 Extended strand，占比 20.24%；138 个氨基酸结构为 Random coil，占比 27.38%。如图 3–2 所示为 LAAO 三级结构同源建模，以 *Calloselasma rhodostoma* 的 LAAO 为模板同源构建，序列相似性达 44.63%，QMEAN 为 –0.96，是与 3 个邻氨基苯甲酸分子络合的 LAAO 晶体结构，推测为同源二聚体（homodimer）。许氏平鲉（*Sebastes schlegelii*）LAAO（SES–LAAO）和星斑川鲽 LAAO 也被推测为同

源二聚体，而青花鱼（*Scomber japonicus*）LAAO（SJ-LAAO）则被推测为异源二聚体（heterodimer）。

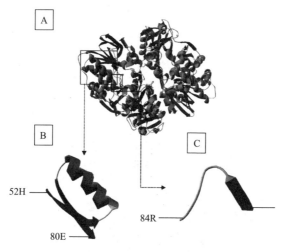

图 3-2　LAAO 三级结构预测

A：LAAO 三级结构，即螺旋结构、片状结构、线圈结构。B：DBM 区域。C：GGM 区域

三、LAAO 氨基酸序列比对

ZF-LAAO 与 14 种硬骨鱼类的 LAAO 相似性均达到 50% 以上（图 3-3）。与 ZF-LAAO 氨基酸序列相似度最高的硬骨鱼 LAAO 为鱇浪白鱼（*Anabarilius grahami*）LAAO（AG-LAAO），相似度高达 79.45%；相似度最低的为 SES-LAAO，相似度为 50.36%。另外，ZF-LAAO 与 GM-LAAO 的相似度为 50.76%；与星斑川鲽（*Platichthys stellatus*）LAAO（PS-LAAO）的相似度为 51.81%；与大西洋鲑鱼（*Salmo salar*）LAAO（SS-LAAO）的相似度为 65.95%；与巨鲶（*Bagarius yarrelli*）LAAO（BY-LAAO）的相似度为 63.01%；与西藏高原鳅（*Triplophysa tibetana*）LAAO（TT-LAAO）的相似度为 54.56%；与 SR-LAAO 的相似度为 54.06%；与棘头床杜父鱼（*Myoxocephalus polyacanthocephalus*）LAAO（MP-LAAO）的相似度为 51.63%，与青花鱼（*Scomber japonicus*）LAAO（SJ-LAAO）的相似度

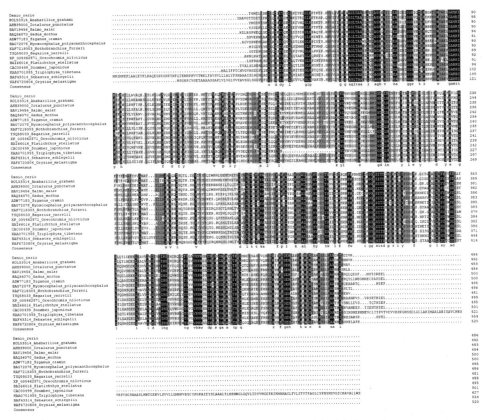

图 3-3　已经报道硬的骨鱼 LAAO 氨基酸序列全长比对

52.85%，与青鳉（*Oryzias melastigma*）LAAO（OM–LAAO）的相似度为63.15%，与斑点叉尾鮰（*Ictalurus punctatus*）LAAO（IP–LAAO）的相似度为63.80%，与弗氏假鳃鳉（*Nothobranchius furzeri*）LAAO（NF–LAAO）的相似度为62.97%，与罗非鱼（*Oreochromis niloticus*）LAAO（ON–LAAO）的相似度为50.95%。进化树（图3–4）分为两大枝，其中 ZF–LAAO 与 AG–LAAO聚为一枝，氨基酸序列相似度也最高，推断 ZF–LAAO 与 AG–LAAO 的进化方向可能一致。鱇浪白鱼是中国云南的特殊物种，与斑马鱼同属鲤科，二者又与西藏高原鳅聚为一枝。斑点叉尾鮰与巨鮕聚为一枝，二者皆为淡水大型鱼类，且同属鲶形目。弗氏假鳃鳉与青鳉聚为一枝，二者皆为银汉鱼目。许氏平鲉与棘头床杜父鱼聚为一枝，二者同属鲈形目。

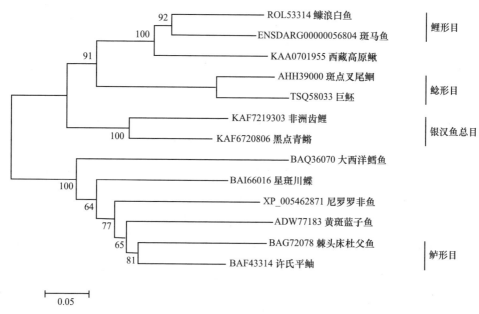

图 3-4　已报道硬骨鱼 LAAO 的系统进化树分析

分支的长度表明了 LAAO 蛋白质之间的遗传距离。图中仅显示置信度大于 50 的数据

四、无乳链球菌攻毒后斑马鱼 LAAO 的表达谱

斑马鱼 LAAO 在无乳链球菌感染后的第 6 h 在肝、鳃、脾中表达量都有显著提高（$p < 0.001$），其中肝中表达量提高最多，达 97.4，鳃中表达量提高至 32.3，脾中提高至 19.9。感染后 12 h，肝和脾中的 LAAO 表达量持续增加，肝中达 342.3，脾中达 67.8。鳃中的 LAAO 表达量比起第 6 h 时有所下降，但是依旧比 PBS 对照组表达量高，为 9.7。感染后 1 d、2 d、3 d、5 d、7 d，在肝、鳃、脾中 LAAO 的表达量与 PBS 对照组相比无较大差异。感染后 1 d 斑马鱼大量死亡，并出现胸鳍基部与腹部充血现象（图 3-5），与斑马鱼感染无乳链球菌症状相符。Jiang 等发现，在受到刺激隐核虫感染后黄斑蓝子鱼脾中 LAAO mRNA 在早期（从 6~24 h）上调，但随后又恢复到正常水平，而斑马鱼受无乳链球菌刺激后 LAAO 在 6~12 h 上调，之后恢复正常，上调时间较短；Kitani 等报道，大西洋鳕鱼受到鳗弧菌感染后的 LAAO 在第 48 h 时的表达量明显高于第 4 h，而斑马鱼 LAAO 在

第 48h 时表达水平已恢复正常；Shen 等发现，在用无乳链球菌攻毒罗非鱼后，在不同组织中的 LAAO 表达模式均有不同，其中在感染 3 h 后，在肠道中观察到最高的上调；肝中 LAAO 在第 3 h 达到最高表达量，第 6 h 时已恢复正常水平；脾中 LAAO 在第 12 h 时达到最高表达量，且同斑马鱼一样小于肝中最高表达量。脾中 LAAO 的表达模式与 ZF-LAAO 一致，但肝中 LAAO 的表达模式与 ZF-LAAO 有较大差别。以上不同鱼类受到寄生虫或细菌感染后 LAAO 的表达谱与 ZF-LAAO 均有一定差别，可能因为鱼的种类不同，LAAO 有一定差异，且 LAAO 的表达谱根据病原种类和组织的不同会出现差异，如图 3-6 所示。而肝中 LAAO 的表达量大于主要免疫器官之一脾中 LAAO 的表达量，则可能是因为比起脾，肝更容易成为无乳链球菌的感染靶器官；也有可能是因为脾同时产生如溶菌酶这样的抗菌免疫酶类，而不需要产生如肝一样大量的 LAAO 来进行抗菌。这些猜想需在后续实验中进行验证。

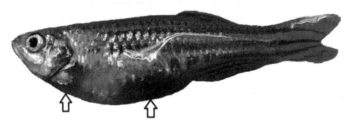

图 3-5　攻毒后 1 d 后的病鱼

胸鳍基部和腹部出现出血（箭头）

　　溶菌酶作为非特异性先天免疫分子广泛分布于生物的各类组织中，其活性和表达水平在鱼类先天免疫中是重要指标，具有很强的杀菌活性。斑马鱼溶菌酶在无乳链球菌感染后的第 6 h 在脾中表达量显著提高（$p < 0.001$），达 192.3，肝和鳃中的溶菌酶表达量与 PBS 对照组相比没有明显差异。第 12 h 时，脾中的溶菌酶表达量回落到 0.5。在 1 d 时，脾中的溶菌酶表达量升高，达到 5.5，但是肝和鳃中的溶菌酶表达量没有提升。感染后 12 h、2 d、3 d、5 d、7 d，在肝、鳃、脾中溶菌酶的表达量与 PBS 对照组相比无较大差异。Wang 等报道，鲷鱼（*Oplegnathus fasciatus*）受到迟缓爱德华氏菌刺激后的第 24 h 溶菌酶表达量达到最高，斑马鱼溶菌酶表达量在细菌感染后第 6 h 就上调到最大值，与之相比上调速度更快；大菱鲆

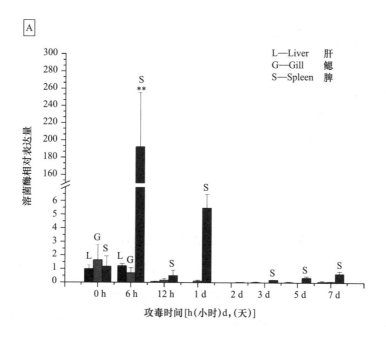

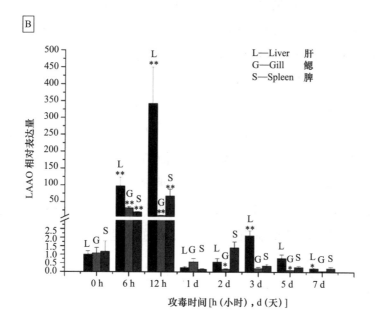

图 3-6 无乳链球菌攻毒后 LAAO 和溶菌酶在不同组织中 mRNA 相对表达量，以及死亡量

A：LAAO；B：溶菌酶。显著性设为（＊）$p < 0.05$，（＊＊）$p < 0.001$。

（*Scophthalmus maximus*）感染海豚链球菌后，脾和肝中的溶菌酶表达量分别在第 4 h 和第 8 h 达到最高，比斑马鱼的脾达到最高点的时间要早 2 h，且肝的表达量发生了上调，可能与病原菌的不同有关。LAAO 和溶菌酶较为相似，在感染早期（1 d 内）发生了显著表达变化，属于早期应答免疫防御酶类。但在斑马鱼受到无乳链球菌感染后的第 12 h，LAAO 的表达量显著大于溶菌酶表达量，推测 LAAO 是斑马鱼先天免疫系统中的重要免疫酶类。

五、小结

　　L- 氨基酸氧化酶是近年来发现的新型鱼类免疫防御酶类，为深入探究 LAAO 在硬骨鱼类免疫系统中的作用，本章克隆了斑马鱼 LAAO（ZF–LAAO）的 CDS 序列全长，开展了 ZF–LAAO 生物信息学分析，分析了斑马鱼感染重要水生动物病原无乳链球菌后的 LAAO 表达谱，结果表明 LAAO 的 CDS 序列长度为 1 515 bp，编码蛋白包含一个 18 个氨基酸长度的信号肽，具有 LAAO 家族保守性结构域 DBM 和 GGM，两个 N- 糖基化位点，两个 O- 糖基化位点，该蛋白为稳定的亲水性胞外分泌蛋白；ZF–LAAO 氨基酸序列和其他 14 种已报道硬骨鱼的 LAAO 氨基酸序列比对结果表明，ZF–LAAO 与 14 种硬骨鱼类的 LAAO 相似性均达到 50% 以上。其中与鳡浪白鱼的 LAAO 相似度最高，达 79.45%，在进化树中也聚为一枝；用无乳链球菌攻毒野生型斑马鱼后 ZF–LAAO 的表达谱结果表明，ZF–LAAO 表达变化差异，主要集中在感染早期，且 ZF–LAAO 比经典免疫防御酶类溶菌酶（LYZ）表现出更为明显的差异变化，无乳链球菌攻毒后的第 6 h，LYZ 表达量和 ZF–LAAO 的表达量均显著上升（$p < 0.001$），但第 12 h 时溶菌酶表达量下降，而肝和脾中 LAAO 的表达量依旧上升，并在第 12 h 时达到最高。

第四章　许氏平鲉 L‑氨基酸氧化酶研究

第一节　许氏平鲉皮肤黏液中 L‑氨基酸氧化酶的抗菌作用

　　自从斯卡恩斯（1970）从东部菱背响尾蛇（*Crotalus adamanteus*）的毒液中发现 LAAO 的杀菌系统以来，越来越多的抗菌 LAAO 被报道，包括来自蛇、非洲巨型蜗牛和海兔在内的软体动物的 LAAO。在过氧化氢酶、过氧化物酶等 H_2O_2 清除剂的存在下，LAAO 的抑菌作用明显减弱，其抑菌作用可能是由于氧化过程中产生的 H_2O_2。因此，LAAO 对革兰氏阳性菌和革兰氏阴性菌均表现出广泛的抗菌谱。菜花原矛头蝮（*Trimeresurus jerdonii*）毒液 LAAO 对革兰氏阳性菌、巨大芽孢杆菌、金黄色葡萄球菌、革兰氏阴性菌、大肠杆菌、铜绿假单胞菌均有抗菌活性；矛头蝮（*Bothrops alternates*）毒液 LAAO 对金黄色葡萄球菌、大肠杆菌有抗菌活性；蝰蛇（*Vipera lebetina*）毒液 LAAO 对枯草芽孢杆菌和大肠杆菌有抗菌活性；南美响尾蛇（*Crotalus durissus cascavella*）毒液 LAAO 对变形链球菌和地毯草鱼单胞菌西番莲致病变种（*Xanthomonas axonopodis* pv. *passiflorae*）有抗菌活性。Achacin 是一种巨型非洲蜗牛体表黏液中的抗菌 LAAO，对枯草芽孢杆菌、金黄色葡萄球菌和大肠杆菌有抗菌作用。从加州海兔的墨汁中分离出的 LAAO escapin，可以抑制金黄色葡萄球菌、化脓链球菌、铜绿假单胞菌和哈维弧菌的生长。

　　近年来，从许氏平鲉的皮肤黏液中分离出一种新型的抗菌 LAAO，并将其命名为 SSAP（*S. schlegeli* 抗菌蛋白）。SSAP 是一种 120 kDa 的酸性糖蛋白，具有选择性强效杀菌性，对嗜水气单胞菌、杀菌气单胞菌、美人鱼发光杆菌杀鱼亚种等水生革兰氏阴性菌具有选择性杀菌性。对大肠杆菌、鼠伤寒沙门氏菌等肠道革兰氏阴性菌和枯草芽孢杆菌、滕黄微球菌、金黄色葡萄球菌等革兰氏阳性菌均无抑制作用。但结果表明，H_2O_2 是 SSAP 的抑菌因子，这与其他抗菌 LAAO 相同。因此，其研究明确了 SSAP 与 H_2O_2 相比的抗菌作用，并阐明了 SSAP 的高效性、对细菌的选择性杀伤性与它和敏感细菌的结合能力有关。

一、SSAP 和 H_2O_2 的抗菌活性

SSAP 的抗菌谱与 H_2O_2 的抗菌谱有很大的不同。在测试的 8 种细菌中，SSAP 仅抑制了 3 种革兰氏阴性菌的生长，即杀鲑气单胞菌、美人鱼发光杆菌杀鱼亚种和副溶血弧菌，MIC 分别为 0.078 μg/mL、0.16 μg/mL 和 0.63 μg/mL。SSAP 对 3 种细菌的 MBC 值与 MIC 值几乎相等，而 H_2O_2 则抑制了 8 种革兰氏阳性和革兰氏阴性菌的生长。首先，抑制金黄色葡萄球菌、杀鲑气单胞菌、美人鱼发光杆菌杀鱼亚种、鼠伤寒沙门氏菌和副溶血弧菌的生长，MIC 为 0.31 mmol/L。其次，抑制大肠杆菌的生长，MIC 为 0.63 mmol/L；最后，抑制枯草芽孢杆菌和滕黄微球菌的生长，MIC 为 2.5 mmol/L。除了大肠杆菌的 MBC 值（5.0 mmol/L）比 MIC（0.63 mmol/L）高 8 倍外，H_2O_2 抗菌的 MBC 值与 MIC 值相似。过氧化氢酶的加入完全破坏了 SSAP 和 H_2O_2 的抗菌活性，证实了 SSAP 的抗菌活性是由 H_2O_2 的生成引起的。

二、SSAP 的细菌细胞结合活性

SSAP 对细菌具有选择性。如图 4–1A 所示，通过 Western blotting 显示 SSAP 与细菌细胞的结合。在 2.5 μg/mL 的 SSAP 作用下，美人鱼发光杆菌杀鱼亚种细胞裂解液产生了与 SSAP 相对应的阳性条带，而大肠杆菌则没有。通过细菌悬液与 SSAP 孵育的滤液测定了 LAAO 活性。滤液中 LAAO 活性的下降被估计为 SSAP

与细菌的结合。如图 4–1B 所示，SSAP 处理过的美人鱼发光杆菌杀鱼亚种滤液在孵育 60 min、120 min 和 180 min 后，LAAO 活性分别降低到对照的 82%、66% 和 49%。与此相反，SSAP 处理后的滤液的 LAAO 活性不随培养时间的延长而降低。这些结果表明，SSAP 优先识别并结合于美人鱼发光杆菌杀鱼亚种的细胞表面。由于可利用的 SSAP 样本数量有限，没有进行更多使用其他细菌的实验。

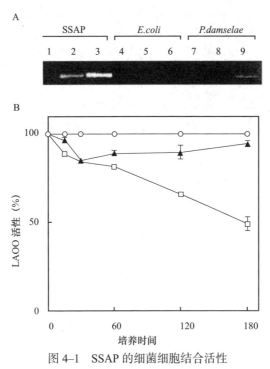

图 4–1　SSAP 的细菌细胞结合活性

A：SSAP 标准蛋白（1~3 泳道），大肠杆菌（4~6 泳道）和美人鱼发光杆菌杀鱼亚种（7~9 泳道）裂解液的 Western blotting。1、4 和 7 泳道：0 μg/mL SSAP（阴性对照）；2、5 和 8 泳道：0.5 μg/mL SSAP；3、6 和 9 泳道：2.5 μg/mL SSAP。B：1.0 μg/mL SSAP 处理菌悬液滤液的相对 LAAO 活性。（□）：美人鱼发光杆菌杀鱼亚种；（▲）：大肠杆菌，（○）：无细菌对照组。相对活性以对照的 LAAO 活性为 100% 表示。数据代表 3 个独立实验的平均值 ±SD（bar）

三、电子显微镜观察

采用 SEM 和 TEM 对杀鲑气单胞菌、美人鱼发光杆菌杀鱼亚种和副溶血弧菌进行了电镜分析。正常的杀鲑气单胞菌为杆菌（图 4–2A）。当用 SSAP 处理杀鲑气单胞菌时，细菌表面出现水泡状突起（图 4–2B 中的箭头）。H_2O_2 处理过的杀鲑气单胞菌表面受到了破坏（图 4–2C）。观察暴露于 SSAP 的杀鲑气单胞菌细胞的透射电镜，也显示细胞末端有明显的水泡（图 4–2D 中的箭头）。

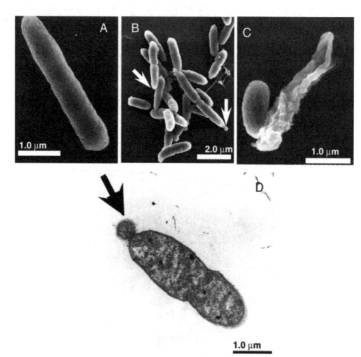

图 4–2　SSAP 和 H_2O_2 处理对杀鲑气单胞菌的电子显微镜观察

A：未处理的杀鲑气单胞菌的 SEM；B：SSAP 处理的杀鲑气单胞菌的 SEM；C：H_2O_2 处理的杀鲑气单胞菌的
SEM；D：SSAP 处理的杀鲑气单胞菌的 TEM

未处理的美人鱼发光杆菌杀鱼亚种呈棒状，长度约为 2 μm（图 4–3A）。然而，经过 SSAP 处理的美人鱼发光杆菌杀鱼亚种显著地伸长了，甚至比正常情况下长 10 倍。观察到的最大细胞长度超过 20 μm（图 4–3B 中的箭头）。用 H_2O_2 处理美人鱼发光杆菌杀鱼亚种引起了与 SSAP 相同的效果，使细胞体延长数倍（图 4–3C 中的箭头）。图 4–3D 为经 SSAP 处理后的美人鱼发光杆菌杀鱼亚种断面图。被拉长的细胞轮廓紊乱，细胞表面和细胞膜呈波浪形且凹陷，损伤细胞胞浆稀疏。

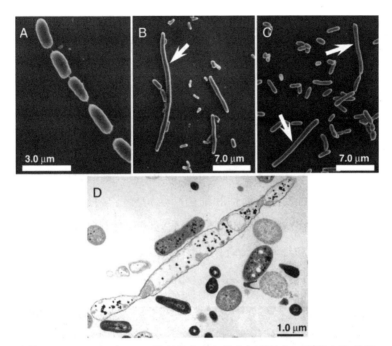

图 4-3　经 SSAP 或 H_2O_2 处理的美人鱼发光杆菌杀鱼亚种的电镜观察

A：未处理的美人鱼发光杆菌杀鱼亚种的 SEM；B：SSAP 处理的美人鱼发光杆菌杀鱼亚种的 SEM；C：H_2O_2 处理的美人鱼发光杆菌杀鱼亚种的 SEM。D：SSAP 处理的美人鱼发光杆菌杀鱼亚种的 TEM

　　对照组的副溶血弧菌呈棒状，长 1~3 μm，覆极性鞭毛（图 4-4A）。经 SSAP 处理的副溶血弧菌细胞被延长，并被破坏，形成孔隙（图 4-4B 中的箭头）。细胞表面看起来粗糙不平。H_2O_2 处理的副溶血弧菌细胞胞体伸长和细胞沉降（图 4-4C 中的箭头）。TEM 分析显示，经 SSAP 处理的副溶血弧菌细胞受损严重，部分细胞壁剥落（图 4-4D）。

　　通过抑菌活性测定和电镜分析证实 H_2O_2 介导了 SSAP 的抑菌作用。SSAP 具有抗菌活性强、细菌选择性强的特点。研究表明，LAAO 可以在浓度较低的情况下抑制细菌生长，比如，Achacin 和 Escapin 的 MIC 值分别为 0.2 μg/mL 和 0.25 μg/mL。SSAP 对杀鲑气单胞菌的 MIC 为 0.078 μg/mL，是迄今为止报道的水生动物抗菌 LAAO 中 MIC 浓度最低的。LAAO 在 L－氨基酸氧化反应中产生的 H_2O_2 量明显少于抑制细菌生长所需的单独的 H_2O_2 量。Zhang 等（2004）确定，蝮蛇毒液中的 LAAO（AHP-LAAO）抑制大肠杆菌的生长，半数抑制浓度（IC50）

为 2.0 μg/mL，2.5 h 内产生 0.21 mmol/L H_2O_2，而 H_2O_2 本身的 IC50 为 8.5 mmol/L。将用异硫氰酸荧光素标记的 AHP–LAAO 进行荧光检测，证明了 AHP–LAAO 与大肠杆菌细胞的结合具有有效的抗菌作用。Ehara 等（2002）也通过 Western blotting 发现，Achacin 对大肠杆菌和金黄色葡萄球菌具有显著的细菌结合活性。因此，在结合界面内或附近产生高度局部浓度的 H_2O_2 可能会引起强效抗菌作用。通过 Western blotting 和 LAAO 活性测定证实了 SSAP 与美人鱼发光杆菌杀鱼亚种结合，而不与大肠杆菌结合（图 4–1）。因此，SSAP 的细菌细胞结合活性可能归结于 SSAP 具有高效抗菌活性和细菌结合特异性。目前还需要对其他种类的细菌做进一步的实验，因为尚不清楚 SSAP 如何识别其他细菌。SSAP 的糖基化部分不太可能参与和细胞的结合中，因为 SSAP 的糖肽酶 F 的去糖基化并不影响 SSAP 的抗菌活性。

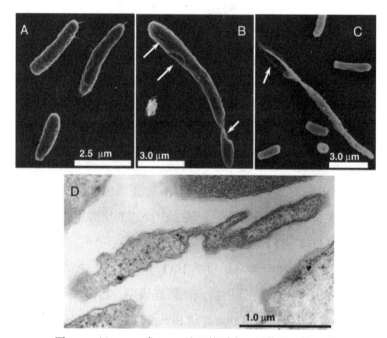

图 4–4　经 SSAP 或 H_2O_2 处理的副溶血弧菌的电镜观察

A：未处理的副溶血弧菌的 SEM；B：SSAP 处理的副溶血弧菌的 SEM；C：H_2O_2 处理的副溶血弧菌的 SEM；
D：SSAP 处理的副溶血弧菌的 TEM

LAAO 包括 SSAP 的抗菌作用是由 L – 氨基酸作为底物生成的 H_2O_2 激发的，

在过氧化氢酶和过氧化物酶等 H_2O_2 清除剂存在时，其抗菌作用显著降低。虽然 H_2O_2 抑菌作用的具体方式还不完全清楚，但 H_2O_2 可以诱导靶细胞发生氧化应激，引起细胞膜和胞质的紊乱，从而导致细胞死亡。H_2O_2 可能对除大肠杆菌外的 7 种细菌都有杀菌作用，因为 MBC 值等于或是 MIC 值的两倍。

对杀鲑气单胞菌、美人鱼发光杆菌杀鱼亚种和副溶血弧菌的透射电镜结果显示，SSAP 和 H_2O_2 攻毒细菌后，细菌表现相同的形态变化，且 3 种细菌之间差异显著。SSAP 诱导杀鲑气单胞菌表面出现水泡状突起，美人鱼发光杆菌杀鱼亚种菌体显著伸长，副溶血弧菌细胞出现孔洞。Achacin 攻毒的细菌也表现不同的形态变化。一方面，Achacin 处理的大肠杆菌的菌体延长了 3 倍至数倍，并形成丝状细胞；另一方面，Achacin 处理的金黄色葡萄球菌在细胞上表现轻微的变形和胞质膜的凹陷。南美响尾蛇（*C. durissus cascavella*）毒液中的 LAAO（Casca LAAO）对革兰氏阳性菌的抑制作用强于对革兰氏阴性菌的抑制作用，并能诱导 *X. axonopodis* pv. *passiflorae* 细菌膜形成水疱和胞质内含物的丧失。

SSAP 对水生动物病原如杀鲑气单胞菌（疖疮病的病原体）和美人鱼发光杆菌杀鱼亚种（假结核的病原体）等强而有效的抑菌活性，在许氏平鲉天生的宿主防御机制中发挥了重要作用，因为 SSAP 是在皮肤和鳃中合成的，可能在这两种组织中都起到抗菌 LAAO 的作用。为了将 SSAP 作为一种潜在的水产养殖化疗药物，还需要进一步研究 SSAP 与目标细菌细胞的结合机制。

四、小结

L‑氨基酸氧化酶通过在氧化 L‑氨基酸过程中产生的 H_2O_2 对革兰氏阳性菌和革兰氏阴性菌表现出广泛的抗菌活性。然而，从许氏平鲉皮肤黏液中分离出的 LAAO（称为 SSAP）对革兰氏阴性菌有选择性的抗菌作用。研究将 SSAP 的抗菌作用与 H_2O_2 进行了比较。SSAP 对杀鲑气单胞菌、美人鱼发光杆菌杀鱼亚种和副溶血弧菌的生长有较强的抑制作用。最低抑菌浓度（MIC）分别为 0.078 μg/mL、0.16 μg/mL 和 0.63 μg/mL。H_2O_2 对革兰氏阳性菌和革兰氏阴性菌的生长均有抑制作用，MIC 范围为 0.31 ～ 2.5 mmol/L。Western blotting 和 LAAO 活性测定表明，SSAP 可以与美人鱼发光杆菌杀鱼亚种结合，而不能与大肠杆菌结合。这些结果表明，细菌的结合活性可能参与了 SSAP 对细菌细胞的选择性。电镜观察结果表明，SSAP 和 H_2O_2 处理对杀鲑气单胞菌有明显的细胞表面损伤作用，美人鱼发光杆菌杀鱼亚种细胞显著伸长，副溶血弧菌出现孔洞。

第二节　许氏平鲉抗菌性 L– 氨基酸氧化酶基因的表达与分布

　　鱼类栖息于有丰富微生物菌群的水环境中，这些微生物不断与鱼体表发生接触。为了防止体表微生物的入侵，黏膜免疫对鱼尤为重要。鱼皮肤黏液含有多种体液性非特异性防御因子，包括补体、c 反应蛋白、免疫球蛋白、干扰素、溶血素、凝集素以及抗菌肽、溶菌酶等抗菌因子。抗菌因子是先天免疫中最早发展起来的分子效应因子之一，在宿主对侵入性病原体的第一道防御反应中起着重要作用。虽然鱼皮肤黏液中的抗菌剂得到越来越多的研究，但关于它们在鱼中的表达和合成的报道却很少。例如，溶菌酶（EC 3.2.1.17，muramidase）已在各种鱼类中被检测到，它位于黏液、血清和富含白细胞的组织中。在鱼类中已报道了两种溶菌酶：c 型和 g 型。虹鳟 c 型溶菌酶基因在肝和肾中表达。在牙鲆中，c 型溶菌酶基因在头肾、后肾、脾、脑和卵巢中均有表达，而 g 型溶菌酶基因在所有组织中均有表达。与牙鲆一样，赤点石斑鱼的 g 型溶菌酶基因也在所有组织表达。从美洲拟鲽的皮肤分泌物中分离出的 25 个氨基酸的抗菌肽（Pleurocidin），并在鱼孵化后 13 d 首次检测到表达。在杂交鲈鱼中，另一种抗菌肽被称为 Moronecidin（一个含 22 个氨基酸的肽），从皮肤和鳃中分离。虽然 Moronecidin 的氨基酸序列与 Pleurocidin 相似，并被认为与 Pleurocidin 进化相关，但在鳃、肠、脾、头肾和血液中，Moronecidin mRNA 的水平相对较高，而在皮肤中明显较低。抗菌肽基因的表达模式甚至在相关肽之间也是不同的。从皮肤黏液中分离出来的抗菌肽或多肽不一定是在皮肤中产生的，因为它们可能在其他组织中合成，并通过循环运输到皮肤。

从许氏平鲉皮肤黏液中分离出一种新型抗菌蛋白，并将其鉴定为 L－氨基酸氧化酶（LAAO）家族的新成员。抗菌蛋白 SSAP（*Sebastes schlegeli* 抗菌蛋白）是第一种从鱼类皮肤黏液中分离出来的抗菌 LAAO，对嗜水气单胞菌、杀鲑气单胞菌和美人鱼发光杆菌杀鱼亚种等传染性细菌具有较强的抗菌活性。下面采用逆转录 RT–PCR、实时定量 RT–PCR、Western blotting、LAAO 和抗菌活性测定等方法，对 SSAP 基因的表达和合成进行定位，以评估 SSAP 在先天性免疫中的意义。

一、SSAP 的基因表达

（1）用 RT–PCR 对 SSAP mRNA 进行定性分析。SSAP cDNA 902~1081 区对应的 PCR 条带（180 bp）在皮肤和鳃中清晰可见，在卵巢中检测到含量较少（图 4–5），但在肌肉和胃、肠、肝、脾、肾等脏器中未发现 LAAO 表达，在所有组织中观察到管家基因 β–actin 的表达。

（2）用实时 RT–PCR 检测组织中 SSAP mRNA 的表达量。根据 RT–PCR 结果，在皮肤（1.7~6.6 ng/mg 总 RNA）和鳃（0.5~3.2 ng/mg 总 RNA）中均检测到较高浓度的 SSAP mRNA（图 4–6）。肾中也检测到 SSAP mRNA。而肌肉、胃、肠、肝、脾和卵巢则没有或只有可忽略的信号（<0.05 ng/mg 总 RNA）。SSAP RNA 标准品、皮肤和鳃的 PCR 产物的溶解温度为 86.2℃（图 4–6）。

SSAP mRNA 在不同年龄许氏平鲉的含量不同。通过对 17 个不同年龄（3 年、1 年和 3 个月）的个体进行定量测定，得到 SSAP 基因在皮肤中的表达水平。结果表明，SSAP mRNA 的量分别在 3 岁、1 岁和 3 个月的 3 个组从 1.7 ng/mg 变化到 13.9 ng/mg 总 RNA，从 4.5 ng/mg 变化到 6.4 ng/mg 总 RNA 和从 1.1 ng/mg 变化到 8.0 ng/mg 总 RNA，基因的表达量没有显著差异（$p > 0.05$），表明年龄、体型（体重或总长度）与基因表达无关（$r^2 < 0.560$）。

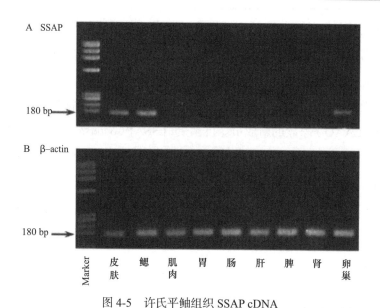

图 4-5　许氏平鲉组织 SSAP cDNA

A：和 B：（β–actin cDNA）为 RT–PCR 分析。PCR 产物用溴化乙锭琼脂糖凝胶电泳染色

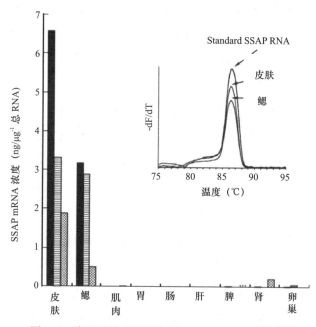

图 4–6　许氏平鲉鱼组织中 SSAP mRNA 表达谱分析

采用 SSAP 特异性引物进行实时 RT–PCR，PCR 产物用 SYBR green Ⅰ 进行检测，满色、条纹和网格柱分别显示样
本号 1、2 和 3。PCR 产物的溶解温度见附图

二、SSAP 的免疫印迹分析

在免疫印迹实验中，许氏平鲉皮肤和鳃中可见 53 kDa 的阳性条带（图 4–7）。值得一提的是，肌肉组织中出现分子质量为 27 kDa 的条带，推测该 27 kDa 条带为非特异性反应性。

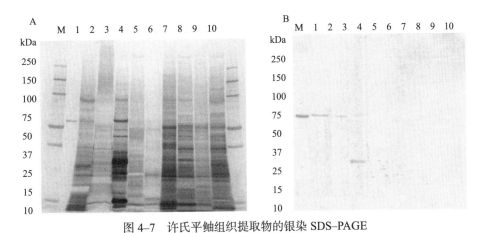

图 4–7　许氏平鲉组织提取物的银染 SDS–PAGE

A 和 B 指免疫印迹法。泳道 M，分子标记；泳道 1，纯化的 SSAP；泳道 2，皮肤；泳道 3，鳃；泳道 4，肌肉；泳道 5，胃；泳道 6，肠；泳道 7，肝；泳道 8，脾；泳道 9，肾；泳道 10，卵巢

三、LAAO 及其抗菌活性

SSAP 对 L–Lys 具有底物特异性，采用新产生 H_2O_2 含量测定分析各组织提取物的 LAAO 活性。如图 4–8 所示，皮肤提取物产生高浓度的 H_2O_2（0.71~0.86 mmoL/L），其次是鳃提取物（0.20~0.28 mmoL/L）。皮肤和鳃提取物的 H_2O_2 产量显著高于其他 7 个组织提取物（$p < 0.05$），表明皮肤和鳃具有较高的 LAAO 活性。在含有 SSAP 和细菌的培养基中加入过氧化氢酶后，其抑菌活性完全消失，表明 H_2O_2 在 SSAP 抑菌作用中发挥了重要作用，其他组织提取物均无明显的抗菌活性（抑菌效价 < 4）。值得一提的是，提取物的抑菌活性与 LAAO 活性不一定成正比，这可能是内源性过氧化氢酶等消除了组织中的 H_2O_2，或者是 SSAP 以外的其他氧化酶进一步抑制了 H_2O_2，影响了组织提取物的抗菌活性。

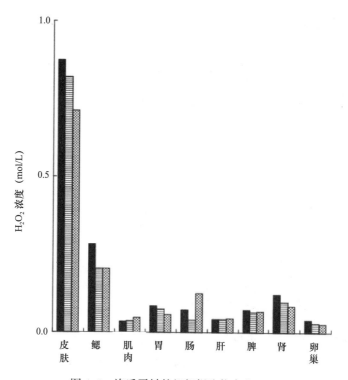

图 4–8　许氏平鲉的组织提取物产生 H_2O_2

L–Lys 作为底物。满色、条形和网格柱分别表示样品重复 1、2 和 3

　　研究结果表明，抗菌的 LAAO（SSAP）在许氏平鲉的皮肤和鳃中合成，并在皮肤中大量存在，可能在鱼的局部先天免疫中具有潜在的重要性。RT–PCR 和实时 RT–PCR 分析显示，SSAP mRNA 主要在皮肤和鳃中表达，在卵巢和肾中表达较弱。然而，在实时 RT–PCR 分析中，该基因在卵巢中的表达明显偏低，但原因尚不清楚。Western blotting 定性证实皮肤和鳃中存在 SSAP，且酶促实验证实皮肤和鳃中有明显的 H_2O_2 生成，即 LAAO 活性。

　　LAAO（EC 1.4.3.2）催化 L – 氨基酸氧化脱氨，产生相应的 α –酮酸以及氨和 H_2O_2 的副产物。高浓度 H_2O_2 的产生可能具有多种功能，如凋亡、细胞毒性、溶血、血小板聚集以及抗病毒、抗菌和抗原生动物活性。虽然到目前为止，在各种动物来源，如小鼠乳汁、蛇毒、鱼类皮肤黏液、非洲大蜗牛体表黏液、海兔蛋白腺和墨水中都有报道抗菌 LAAO。Johnson 等从海兔中检测了抗菌 LAAO（escapin）的位置，并揭示了从底物中分离酶的复杂机制。Escapin 仅存在于墨腺中，而其氨基酸底物在乳蛋白腺中被高度包裹。一方面，将该酶及其底物分布在独立的腺体中有助于防止海兔体内氨和 H_2O_2 的自毒作用；另一方面，通过免疫组化和免疫金标记透射电镜观察，发现美洲拟鲽上皮黏液细胞中富集了一种抗菌肽 Pleurocidin。SSAP 似乎存在于表皮，因为刮擦黏液层导致皮肤提取物中 LAAO 活性显著下降（数据未显示）。免疫组化染色或原位杂交可明确许氏平鲉皮肤和鳃中 SSAP 的微小分布。

SSAP 与从在感染了 *Anisakis simplex* 幼虫之后的鲭鱼中提取的凋亡诱导蛋白（AIP）的同源性最高。据报道，AIP 主要定位于幼虫周围的囊腔内，以防止幼虫从腹部向其他组织迁移。相反，SSAP 分布在皮肤和鳃，而不是内脏。所有 20 个个体的检测显示，SSAP mRNA 在皮肤中的表达与年龄和大小无关。此外，通过 RT−PCR 发现卵巢中也有少量 SSAP mRNA 的表达，提示 SSAP 是许氏平鲉所固有的。但研究中使用的鱼样本有可能感染了致病菌或寄生虫，因为它们在海上用网箱养殖了至少 3 个月。为了明确 SSAP 是否是内源性的，需要进一步研究 SSAP 基因表达的发展。

SSAP 的 LAAO 活性也受底物 L−Lys 浓度的调节，Km 值为 0.19 mmol/L。目前尚不清楚 L−Lys 在皮肤或鳃中的浓度是否足以产生杀死细菌所需的 H_2O_2。Vale 等的研究表明，将美人鱼发光杆菌杀鱼亚种腹腔注射到海鲈鱼中，可导致腹膜腔和头肾细胞凋亡。由此推测，许氏平鲉感染了包括美人鱼发光杆菌杀鱼亚种在内的病原菌后，上皮细胞发生凋亡，并释放出富含 L−Lys 等碱性氨基酸的核蛋白，激活 SSAP 的 LAAO 活性。这一假设可以通过使用鱼类致病力的感染实验得到验证。

四、小结

鱼表皮黏液中的抗菌因子在宿主对细菌病原体的防御反应的第一道防线中具有潜在的重要性。从许氏平鲉的皮肤黏液中分离到一种新的抗菌蛋白 SSAP（*Sebastes schlegeli* 抗菌蛋白），并将其鉴定为 L−氨基酸氧化酶（LAAO）家族的新成员。研究采用逆转录 RT –PCR、实时荧光定量 Pcr（RT – PCR）、蛋白质印迹（Western blotting）、检测 LAAO 和抗菌活性等方法，对许氏平鲉 SSAP 的定位进行研究。RT–PCR 和 real–time RT–PCR 结果显示，SSAP mRNA 主要表达在皮肤和鳃，卵巢和肾表达较弱。不同个体皮肤中 SSAP mRNA 的数量不同，总 RNA 为 1.1~13.9 ng/μg，但鱼的大小与基因表达没有关系。采用特异性抗 SSAP 血清，通过 Western blotting 在皮肤和鳃中特异性检测到 SSAP。此外，两种组织提取物均表现出明显的 LAAO 活性和对美人鱼发光杆菌杀鱼亚种的抑菌活性。研究表明，SSAP 主要在皮肤和鳃中合成，可能在这两种组织中作为一种抗菌的 LAAO 起作用。

第三节　许氏平鲉皮肤分泌抗菌蛋白的纯化与表征

鱼的皮肤黏液是由表皮的特化黏液细胞分泌的，具有物理屏障和化学屏障的功能。黏液层覆盖在鱼体表面，减少鱼体与水的摩擦，保护鱼体免受磨擦损伤。此外，它抑制潜在的传染性微生物的定植和原生动物寄生虫的入侵。因为鱼类的免疫系统不如高等动物的复杂，黏液中的各种生物活性物质很可能是体液防御因子，并发挥了重要的生理功能。在包括鱼类在内的水生生物中，黏液中抗菌物质发挥了重要的作用，它们通过周围的水作用于病原微生物。

溶菌酶是一种具有代表性的内源性抗菌剂，又称胞壁酸，通过催化水解细菌细胞壁内 N – 乙酰胞壁酸和 N – 乙酰氨基葡萄糖之间的键来裂解细菌。溶菌酶可从多种鱼类的皮肤黏液中检测到，如斑点叉尾鲴（*Ictalurus punctatus*）、鲤鱼（*Cyprinus carpio*）、虹鳟（*Oncorhynchus mykiss*）和香鱼（*Plecoglossus altivelis*）。据报道，蛋白酶具有抗菌活性。Hjelmeland 等（1983）在虹鳟和大西洋鲑鱼的皮肤黏液中发现了胰蛋白酶，并且用免疫组化法证实了胰蛋白酶定位于大西洋鲑鱼背部皮肤的表皮细胞中。Takahashi 等（1992）报道了蛋白酶抑制剂（如对氯汞苯甲酸和苯基甲基磺酰氟）抑制了五条鰤（*Seriola quinqueradiata*）皮肤黏液的抑菌活性。

以下强效抗菌肽是从几种鱼类的皮肤黏液或分泌物分离得到并被进行了表征：源自石纹豹鳎（*Pardachirus marmoratus*）的豹鳎毒素、美洲拟鲽（*Pleuronectes americanus*）的美洲拟鲽抗菌肽、鲶鱼（*Parasilurus asotus*）的鲶鱼抗菌肽Ⅰ，以及线纹鱼（*Grammistes sexlineatus*）和斑点须鮨（*Pogonoperca punctata*）的线纹鱼毒素。有趣的是，美洲拟鲽抗菌肽最初定位于皮肤和肠道杯状细胞中的粘蛋白颗粒，而鲶鱼抗菌肽Ⅰ是由表皮损伤处的组蛋白 H2A 在黏膜表面诱导。这些多肽被发现是阳离子型，并可能是通过形成进入细菌膜的跨膜通道或溶解细菌膜而对广谱细菌有杀伤活性。

一、皮肤分泌物的抗菌谱

通过琼脂平板圆盘扩散法测定皮肤分泌物的抗菌谱。从 4 个样本采集的分泌物样品抑制了 5 种革兰氏阴性菌（嗜水气单胞菌、杀鲑气单胞菌、美人鱼发光杆菌、腐败希瓦氏菌和副溶血弧菌）的生长。其中，对皮肤分泌物高度敏感的有杀鲑气单胞菌、美人鱼发光杆菌和腐败希瓦氏菌。分泌物的抗菌活性似乎在个体之间有所不同。1 号样本对上述 5 种菌的抗菌活性最强，对铜绿假单胞菌也表现出抑制活性。

二、抗菌蛋白的纯化

采用超滤法、离子交换柱层析法和凝集素亲和柱层析法建立抗菌因子的纯化方法。在超滤浓缩馏分（>10 k）、Mono Q HR 5/5 柱吸附馏分和 HiTrap Con A 柱甘露吡喃糖苷洗脱馏分中检测抑菌因子。这些结果表明，抑菌因子为酸性高分子量糖类物质。随后，首先将皮肤分泌物样品置于 Con A – Sepharose 柱中。抗菌活性仅在甘露醇侧馏分（Fr. No. 131~210）（图 4–9）中检测到，高活性馏分（Fr. No. 131~175）经超滤通过 10 k mol. wt. 截止膜过滤器浓缩，在 TSKgel G3000SW 柱上用凝胶过滤 HPLC 进一步纯化。如图 4–10 所示，在保留时间为 6.9 min、7.5 min、9.1 min 和 10.2 min 时，色谱图有 4 个主要峰，第三个峰检测到抗菌活性。将该活性组分（保留时间为 9~10 min）在同一色谱柱上重新进行色谱分析，在保留时间为 9.2 min 时，其抑菌活性出现单峰（图 4-10）。经纯化后的抑菌因子在 SDS-PAGE 上出现一条带，表明其均匀性（图 4-11）。

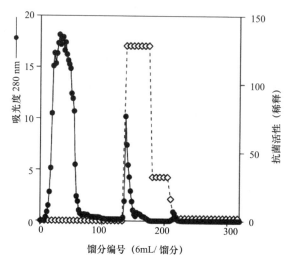

图 4-9 皮肤分泌物样品在 Con A- Sepharose 柱上的亲和层析图

样品置于 Con a- Sepharose 色谱柱（2×32 cm），用 0.5 M NaCl-0.02 M Tris-HCl 缓冲液（pH 7.4）洗涤（Fr. No. 1-120），然后用 0.5 M 甲基 -α-D- 甘露吡喃糖苷 -0.5 M NaCl-0.02 M Tris-HCl 缓冲液（pH 7.4）洗脱（Fr. No. 121-320），流速为 24 mL/h。收集 6 ml 的馏分

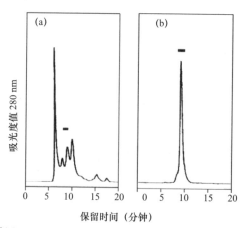

图 4-10 采用 TSKgel G3000SW 柱对抗菌蛋白进行高效液相色谱分析

（a）对 Con A- Sepharose 柱（图 4-9）的活性组分进行色谱分析。（b）TSKgel G3000SW 柱（a）的活性组分被重新色谱。高效液相色谱条件：柱，TSKgel G3000SW（0.75×30 cm）；流动相，0.5 mol/L NaCl-0.01 mol/L Tris-HCl 缓冲液（pH 8.0）；流速 0.8 mL/min；检测，在 280 nm 吸光度。柱表示蛋白活性组分对美人鱼发光杆菌具有一定的抗菌活性

从 11 个标本采集的 35 mL 分泌物样品中提取 805 mg 蛋白, 纯化抗菌因子 10 mg。在 MIC（分泌样品 180 μg/mL, 纯化的抑菌因子 5 μg/mL）的基础上, 抗菌活性回收率为 44%, 达到 36 倍的纯化。

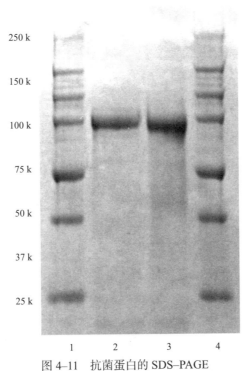

图 4–11　抗菌蛋白的 SDS–PAGE

样品：泳道 1 和泳道 4, 蛋白质标准品；泳道 2 和泳道 3, 抗菌蛋白
条件：泳道 1 和泳道 2, 减少；泳道 3 和泳道 4, 不减少

三、抗菌蛋白的性质

抗菌因子在凝胶过滤 HPLC 中估计分子量约为 150 kDa（图 4–12）, 在还原性和非还原性条件下, SDS–PAGE 估计分子量为 75 kDa, 显示该因子的氨基酸组成, 其特征是 Asp 和 Glu 的富集, 1/2 Cys 和 Trp 的缺失。这支持了色谱聚焦分析的结果, 显示等电点为 pI 4.5, 尽管仅使用了部分纯化的制备物（图 4–13）。

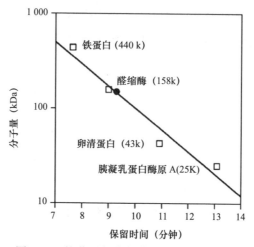

图 4-12　抗菌蛋白分子质量测定的校准曲线

高效液相色谱条件：柱，TSKgel G3000SW（0.75×30 cm）；流动相：0.5 mol/L NaCl~0.01 mol/L Tris–HCl 缓冲液（pH 8），流速：0.8 mL/min；检测，吸光度 280 nm。●，抗菌蛋白。

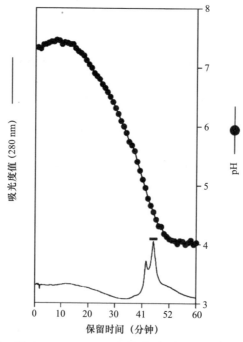

图 4-13　用 Con A–Sepharose 色谱法对活性组分进行色谱聚焦

柱，Mono P HR 5/5（0.5 cm×5 cm）；洗脱液，Polybuffer 74 用 HCl 调至 pH 4.0；流速：1.0 mL/min；检测，吸光度 280 nm。柱表示蛋白活性组分对美人鱼发光杆菌具有一定的抗菌活性

该抗菌蛋白的还原糖含量为 3.4%，氨基酸含量为 2.8%（以重量计）。以对氨基苯甲酸乙酯（ABEE）衍生化后，用高效液相色谱法分析其总糖组成。在该方法中，唾液酸残留物为 N−乙酰−D−甘露胺。由此可知，以 N−乙酰−D−葡萄糖胺为主，其次为 D−甘露糖、D−葡萄糖和 D−半乳糖。唾液酸残留物中 D−乙酰−D−甘露胺的摩尔比为 17.8%。

该糖蛋白吸附在 HiTrap 刀豆蛋白 A 柱上，在 D−甘露苷洗脱馏分中获得，但未吸附在 HiTrap 扁豆凝集素、HiTrap 小麦胚芽凝集素和 HiTrap 花生凝集素的柱上，表明其具有 N 型（高甘露型）低聚糖。

四、抗菌活性及其稳定性

采用微量稀释肉汤法测定了该蛋白对 3 种革兰氏阳性菌和 7 种革兰氏阴性菌的抑菌活性。抗菌蛋白对革兰氏阴性菌具有选择性。对嗜水气单胞菌和副溶血弧菌的 MIC 分别为 25 μg/mL 和 12.5 μg/mL，具有较好的抑制作用。然而，大肠杆菌和鼠伤寒杆菌的生长甚至在蛋白浓度为 200 μg/mL 时也未受到抑制。抗菌蛋白的最低杀菌浓度（MBC）与最低抑菌浓度（MIC）基本一致。

在 60℃加热 10 min 后，蛋白抑菌活性下降至初始活性的 25%，在 70 ℃加热 10 min 后抑菌活性完全丧失。该蛋白的抑菌活性在 pH 3~8 保持稳定，但在 pH 9 时抑菌活性显著下降。相反，该蛋白对研究中使用的蛋白酶、淀粉酶和淀粉葡萄糖苷酶等不敏感。

研究中采用 Con A−sepharose 亲和层析法和 TSKgel G3000SW 凝胶过滤高效液相色谱法对抗菌蛋白进行纯化。纯化的蛋白质具有大约 150 kDa 的高分子量和对革兰氏阴性菌的选择性作用。凝胶过滤和 SDS−PAGE 结果表明，它是一种二聚体蛋白。这两个亚基不太可能通过二硫键结合，因为无论在还原性还是非还原性条件下，在 SDS−PAGE 中都观察到 75 kDa 的条带，而且没有检测到 1/2 半胱氨酸的存在。抗菌蛋白被糖基化，其糖链中含有天冬氨酸型寡糖和唾液酸成分。

到目前为止，在皮肤分泌物或黏液中发现了以下抗菌蛋白，尽管大多数蛋白都未进行具体表征：来自鲤鱼的 27 kDa 和 31 kDa 的疏水性蛋白，来自鳗

鳗（*Anguilla anguilla*）的 45 kDa 蛋白，来自虹鳟的 65 kDa 蛋白，以及来自丁
鲷（*Tinca tinca*）的 49 kDa 蛋白。这些抗菌蛋白被认为在细菌膜上形成离子
通道，杀死革兰氏阳性菌和革兰氏阴性菌。研究报道了从褐蓝子鱼（*Siganus
fuscescens*）中获得的分子量约为 400 kDa 的抗菌糖蛋白。从非洲巨型蜗牛体表
黏液中分离得到抗菌蛋白 Achacin，并对其进行了鉴定。Achacin 的分子质量为
160 kDa，由两个相同的亚基组成，对广谱的革兰氏阳性菌和革兰氏阴性菌具有
抗菌活性。从许氏平鲉中获得的抗菌蛋白在分子质量和抗菌作用方面与上述抗
菌剂不同。

　　抗菌蛋白的一个显著特征是对革兰氏阴性菌的选择性抗菌活性。这与使用
许氏平鲉皮肤分泌提取物进行圆盘扩散试验的结果一致，证明纯化的蛋白质在
皮肤分泌物中具有抗菌作用。MIC 值和 MBC 值的等效性表明，该菌对嗜水气
单胞菌、杀鲑气单胞菌、腐败希瓦氏菌和副溶血弧菌具有一定的杀菌活性。然
而，在该蛋白中没有检测到溶菌酶、几丁质酶和蛋白酶的活性，这些活性与抗
菌作用密切相关。关于该蛋白的抗菌作用机理的研究正在进行中。值得注意的
是，该抗菌蛋白对鱼类水生环境中的革兰氏阴性菌具有更强的抑制作用和选择
性，但对肠道细菌的抑制作用不强。其对嗜水气单胞菌、杀鲑气单胞菌和美人
鱼发光杆菌这些有毒病原体的强敏感性，可能在很大程度上有助于许氏平鲉天
生的宿主防御机制，以对抗岩鱼黏膜表面的微生物。此外，其对腐败希瓦氏菌
和食源性病原菌（副溶血弧菌）的有效抑制作用可能显示出它作为一种食品抗
菌剂的高潜力，可用来保护鱼类和贝类产品免受腐烂和细菌感染。

五、小结

　　采用凝集素亲和层析法和 TSKgel G3000SW 凝胶过滤法纯化许氏平鲉皮肤
分泌物中的抗菌蛋白。该抗菌蛋白分子质量大，对革兰氏阴性菌有选择性作用。
用凝胶过滤法估计，该蛋白的分子量为 150 kDa，用 SDS–PAGE 法估计其分子
量为 75 kDa，表明其为二聚体。其抗菌原理为 PI 4.5，包含还原糖 3.4%、氨基
糖 2.8% 的酸性糖蛋白。其糖链中含有 N 型（高甘露糖型）低聚糖和唾液酸成分。

其对杀鲑气单胞菌、美人鱼发光杆菌和腐败希瓦氏菌有很强的抑菌作用，最低抑菌浓度（MIC）约为 3 μg/mL。对副溶血性弧菌和嗜水气单胞菌的生长抑制作用一般，MIC 分别为 12.5 μg/mL 和 25 μg/mL。最低杀菌浓度与 MIC 基本相等。这种对嗜水气单胞菌、杀鲑气单胞菌和美人鱼发光杆菌等强毒力病原体的强敏感性，可能在很大程度上有助于许氏平鲉天生的宿主防御机制，以对抗位于许氏平鲉黏膜表面的微生物。

第四节　许氏平鲉血清 L−氨基酸氧化酶的分离与生化特性

硬骨鱼需要复杂的先天防御机制，因为它们生活在含有丰富微生物群的水环境中。先天防御机制通过阻止微生物在组织上或组织内的附着、入侵和增殖来提供保护。尤其鱼体内的黏液和血清在先天免疫中具有重要作用，并含有多种生物活性肽和蛋白质。Ellis（1999）综述了鱼类抗细菌的免疫，并将体液非特异性分子分为两组：细菌生长抑制剂（如转铁蛋白、抗蛋白酶、抗菌肽和凝集素）和破坏细菌膜的溶菌素（如蛋白酶、溶菌酶、c 反应蛋白和补体）。

之前有报道称许氏平鲉皮肤黏液中的一种强效抗菌蛋白 SSAP，被鉴定为 L−氨基酸氧化酶（LAAO），是一种存在于分泌型鱼皮肤黏液中的新型抗菌物质。此后，有报道称，具有抗菌活性的 LAAO 家族蛋白存在于棘头床杜父鱼和星斑川鲽的表皮黏液中。此外，利用实时逆转录聚合酶链反应（RT–PCR），使用基因特异性引物和免疫印迹抗 SSAP 免疫血清检测了许氏平鲉 SSAP 的组织分布。在实时 RT–PCR 中，SSAP mRNA 在皮肤和鳃中表达量较高，但在肌肉、胃、肠、肝和脾等组织中均未检测到 SSAP mRNA 的表达。此外，在 Western blotting 中，抗 SSAP 免疫血清明显与皮肤和鳃发生交叉反应，而与其他组织没有交叉反应。然而，使用过氧化物酶/邻苯二胺法，以 L−赖氨酸为底物，也发现了肌肉、胃、肠、肝、脾、肾和卵巢提取物中 LAAO 的活性，表明存在与 SSAP 不同的另一种 LAAO，或者因为含有

LAAO 的血液循环而使组织受到污染。据研究人员所知，没有血清中有 LAAO 的报道。下面对许氏平鲉血清中的 LAAO 及其抗菌活性进行了研究，首次在血清中发现抗菌 LAAO，并对其进行了分离和鉴定。此外，还讨论了 LAAO 参与许氏平鲉血清和皮肤黏液先天免疫的机制。

一、血清的抗菌效力和 LAAO 活性

血清样本显示出对美人鱼发光杆菌杀鱼亚种 256~512 AU/mL 的强效抗菌活性，与之前报道的皮肤提取物的抗菌活性类似。通过添加过氧化氢酶作为 H_2O_2 的清除剂，其抗菌活性完全丧失，这表明血清中含有过氧化物生成物质作为抗菌因子。检测了血清对 20 种氨基酸的 LAAO 活性，结果表明其仅对 L− 赖氨酸有活性（图 4−14）。证实血清中的 LAAO 具有严格的底物特异性，类似皮肤黏液中的 SSAP。之后研究了 NaCl 浓度对 LAAO 活性的影响。血清中 LAAO 活性是盐敏感的，当添加 1.0 mol/L NaCl（pb0.05）时，其活性提高了 10 倍（图 4−14）。因此，以 L− 赖氨酸为底物，在 1.0 mol/L NaCl 存在的条件下测定了血清中 LAAO 的活性，但加入 NaCl 后激活血清中 LAAO 活性的机制尚不清楚。

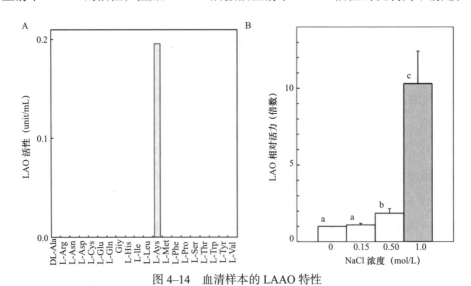

图 4−14　血清样本的 LAAO 特性

A：血清样品对 20 种氨基酸的底物特异性；B：NaCl 浓度对血清样品 LAAO 活性的影响。这些值表示 3 次测量的平均值 ±SD。相同字母表示平均值在 $p = 0.05$ 时无显著性差异

二、LAAO 的分离

图 4–15 显示了血清样本中 LAAO 的纯化过程。血清用 Con–A 型琼脂糖亲和层析。用 0.5 M 甲基 –α –D 甘露吡喃糖苷 –0.5 mol/L NaCl~0.01 mol/L Tris–HCl

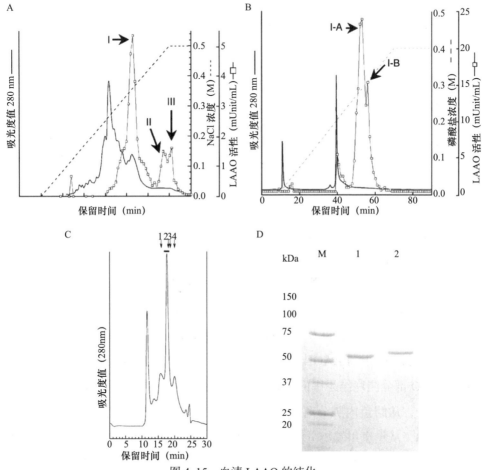

图 4–15　血清 LAAO 的纯化

A：血清 LAAO 的阴离子交换高效液相色谱法。柱；Mono Q 5/ 50 gl（ø 0.5 cm× 5.0 cm），洗脱液；0–0.5 mol/L NaCl~ 0.01 mol/L Tris–HCl 缓冲液（pH 7.4）。箭头表示 LAAO 活性组分。B：Mono Q 5/50 gl 色谱柱羟基磷灰石高效液相色谱法测定血清 LAAO（Fr. I）。柱；CHT 5–I（ø 1.0 cm × 6.4 cm），洗脱液；0.01~0.40 mol/L 磷酸盐缓冲液（pH 6.8）。箭头表示 LAAO 活性组分。C：凝胶过滤高效液相色谱法测定血清 LAAO（Fr. I–A）。柱；TSKgel G3000SWXL（ø 0.78 cm× 30 cm），洗脱液；0.5 mol/L NaCl–0.01 mol/L Tris–HCl 缓冲液（pH 7.4）。条形表示 LAAO 活性组分。参考蛋白如下：1：铁蛋白（440 kDa），2：醛缩酶（158 kDa），3：白清蛋白（67kda），4：卵清蛋白（43 kDa）。色谱以 0.5 mL/min 的流速操作。洗脱液在 280 nm 处进行吸光度监测。D：血清 LAAO Fr. I–A 的 SDS–PAGE。M 泳道：分子标记，泳道 1：非还原血清 LAAO Fr. I–A，泳道 2：还原性血清 LAAO Fr I–A。用考马斯亮蓝 R–250 对蛋白质进行了染色观察

缓冲液洗脱 LAAO 活性组分（pH 7.4；数据未显示）。脱盐后经 Mono Q 5/50 GL HPLC 处理。在保留时间为 53 min、67 min 和 71 min 时检测到 3 种 LAAO 活性组分（图 4–15A）。将活性最高的部分（Fr. I，保留时间在 50～55 min）用于 CHT 5–I 羟基磷灰石高效液相色谱（图 4–15B）。在保留时间为 53 min（Fr. I– A）和 56 min（Fr. I– B）时，从 Fr. I 中洗脱 LAAO，然后在 TSKgel G3000SWXL 柱上用凝胶过滤高效液相色谱法进一步纯化 Fr. I–A。保留时间为 17.8 min 的主峰具有 LAAO 活性（图 4–15C）。

用凝胶过滤的高效液相色谱法预估，纯化的 LAAO 的分子量约为 160 kDa（图 4–15C）。SDS–PAGE 分析显示，在未还原条件下，LAAO 的分子量为 53 kDa，在还原条件下，LAAO 的分子量为 56 kDa（图 4–15D）。这些结果表明，LAAO 由一个 53 kDa 亚基组成。从 39 mL 粗血清中获得 0.17 mg 的 LAAO。LAAO 活性的回收率为 15%，在比活性的基础上纯化了 700 倍。

三、LAAO 的部分氨基酸序列

经鉴定，LAAO 的 N 端氨基酸序列为 ISLRDNLADCLEDRDYDKLLH，与 SSAP 相同。用赖氨酸内肽酶消化 LAAO，再用反相高效液相色谱法分离纯化。将获得的 11 个多肽以及 LAAO 的 N 端氨基酸序列进行测序比对，重叠区域的序列比较表明，LAAO 与鱼源的 LAAO 蛋白质家族有很高的同源性。将血清 LAAO 部分测序结果中的 140 个氨基酸残基与从许氏平鲉皮肤黏液中分离出的 SSAP，从鲭鱼内脏分离出的 AIP，从棘头床杜父鱼皮肤黏液中分离出的 MPLAAO3，从星斑川鲽鳃分泌物中分离出的 psLAAO1 相比较，相似性分别为 98%、78%、73% 和 68%。

四、LAAO 及其抗菌活性

LAAO 具有酶学特性，它在 L- 赖氨酸作为底物时表现出高 LAAO 活性，比活性为 21.4 单位 /mg，但对 D- 赖氨酸没有活性。以 160 kDa 的分子质量和

21.4 单位 /mg 的比活度计算，转换数（kcat）为 57.1 s^{-1}。用 LAAO 活性的双倒数作图法计算米氏常数（Km）为 0.37 mmol/L。专一性常数（kcat/Km）计算为 $1.54 \times 10^5 s^{-1} M^{-1}$。与从鱼表皮分泌物中获得的 SSAP、MPLAAO1 和 MPLAAO3 相比，血清 LAAO 催化 L－赖氨酸产生更多的 H_2O_2。

LAAO 的抗菌谱表明，其对革兰氏阳性菌和革兰氏阴性菌均有抑制作用，其中对嗜水气单胞菌和杀沙门氏菌的抑制效果最好，最低抑菌浓度为 0.078 µg/mL，由大到小依次为美人鱼发光杆菌杀鱼亚种、副溶血弧菌、鼠伤寒沙门氏菌、枯草芽孢杆菌、大肠杆菌和金黄色葡萄球菌。过氧化氢酶的加入完全阻断了 LAAO 的抗菌活性，说明 H_2O_2 负责 LAAO 的抗菌作用，其他 LAAO 也是如此。

研究人员首次从许氏平鲉的血清中分离、鉴定和表征了 LAAO 迄今为止报道的大多数有抗菌性的 LAAO 都来自分泌腺，如海兔的蛋白腺和墨汁、陆生蜗牛分泌的体表黏液、鱼类的表皮黏液、蛇的毒液和小鼠的乳汁。

研究人员在许氏平鲉的血清中发现了 LAAO，但由于未成功克隆出用于 SSAP 的血清 LAAO 基因特异性引物，其初级结构尚未完全阐明。血清在鱼的先天免疫系统中起着重要作用，因为与哺乳动物不同，鱼没有复杂的后天免疫系统。可能最重要的血清防御因子是补体系统，因为它对细胞防御起激活作用。此外，凝集素、c 反应蛋白、转铁蛋白、抗蛋白酶和溶菌酶也与系统性先天体液防御密切相关。笔者认为，应该将 LAAO 添加到鱼类血清中的防御分子列表中，因为许氏平鲉血清中的 LAAO 可以有效抑制细菌的生长，这在体外实验中得到了证实。在许氏平鲉中，LAAO 很可能不仅在皮肤和鳃上皮中，也在血液循环中发挥作用。

血清 LAAO 与 SSAP（从皮肤黏液中获得的抗菌性 LAAO）虽然有一些相似之处，但也存在一些差异。血清中的 LAAO 比 SSAP 具有更强的活性。血清 LAAO 对革兰氏阴性菌和革兰氏阳性菌均表现出广谱抗菌活性，而 SSAP 对革兰氏阴性菌（主要是鱼类病原菌）具有优先抗菌活性。此外，在柱层析纯化过程中，至少鉴定出 4 种血清 LAAO 同工酶，而皮肤黏液只有 SSAP。血清 LAAO 的这些特征可能有利于先天防御系统。血清 LAAO 甚至对入侵了表皮和身体的毒力因子也有抑制作用。此外，它们的分子质量也不同：血清 LAAO 160 kDa，SSAP

120 kDa。重要的是，根据之前的方法，使用编码 255Asn–262Glu（正向引物）和 308Gly–315Asp（反向引物）的基因特异性引物，用从全血细胞中提取的总 RNA 在实时 RT–PCR 中检测不到 SSAP 水平（b0.05 ng/μg 总 RNA），提示血清 LAAO 和 SSAP 在这一区域的核苷酸序列存在差异。此外，使用抗 SSAP 免疫血清的 Western blotting 显示与血清样本没有交叉反应（数据未显示），这意味着两个 LAAO 之间在整个分子立体结构上存在差异。之前的研究表明，SSAP 在皮肤和鳃中合成，RT–PCR 分析表明，SSAP mRNA 在肝、脾和肾等造血组织中未被检测到。但表达血清 LAAO 的器官尚不清楚。Chu 等报道，从小鼠 B 淋巴细胞中分离到的白细胞介素 4 诱导基因 –1（Il4I1，原 Fig1）是一种功能未知的基因，其表达局限于淋巴结和脾等免疫组织。他们发现 Il4I1 蛋白是一种新型 LAAO 家族蛋白，在溶酶体中发挥作用。因此，为了更好地了解血清 LAAO 在许氏平鲉中的生理作用，需要进一步研究来阐明产生 LAAO 的细胞。综上所述，研究表明，许氏平鲉通过皮肤和血液中不同类型的 LAAO 来保护其免受微生物的侵袭。

五、小结

鱼有复杂的先天防御机制来抵抗微生物的入侵，特别是表皮黏液和鱼的血清在天然免疫中发挥重要作用，含有多种生物活性物质，如补体、凝集素和溶菌酶，参与宿主防御。近年来，从许氏平鲉、棘头床杜父鱼和星斑川鲽的皮肤和 / 或鳃黏膜分泌物中分离出具有抗菌活性的 L–氨基酸氧化酶，并被鉴定为一种存在于鱼类表皮的新型抗菌蛋白。在研究中，发现了许氏平鲉血清中 LAAO 的活性。采用 Con–A 凝集素亲和层析、阴离子交换高效液相色谱、羟基磷灰石高效液相色谱、凝胶过滤高效液相色谱等柱层析方法从血清中分离得到 LAAO，并对其进行鉴定。LAAO（分子量为 160 kDa）由分子量为 53 kDa 的亚基组成，具有严格的底物特异性，仅催化 Km 0.37 mmol/L 和 kcat 57.1 s^{-1} 的 L– 赖氨酸。该血清 LAAO 对革兰氏阳性菌和革兰氏阴性菌均表现出广泛的抑菌活性，对嗜水气单胞菌和杀沙门氏菌的抑菌活性最强，最低抑菌浓度为 0.078 μg/mL。这是在鱼的血清中存在 LAAO 及其参与许氏平鲉体内的先天免疫的首次报告。

第五节　许氏平鲉抗菌 L–氨基酸氧化酶的组织分布

由于水生环境中含有丰富的致病微生物，先天免疫系统在鱼类体内起着重要的保护作用。覆盖在鱼表面的黏液层具有机械保护功能，含有多种生物活性物质，如补体、免疫球蛋白、凝集素、抗蛋白酶、裂解酶和起防御作用的溶菌酶。抗菌物质在鱼类先天免疫中非常重要。从许氏平鲉的皮肤黏液中分离出一种新的抗菌蛋白，称为许氏平鲉抗菌蛋白（SSAP）。SSAP 是一个 53 kDa 亚基的同源二聚体，含有糖基和黄素腺嘌呤二核苷酸，体外对沙门氏菌的最低抑菌浓度为 0.078 μg/mL。此外，它对通过水传播的革兰氏阴性菌，包括嗜水气单胞菌、杀鲑杆菌、美人鱼发光杆菌杀鱼亚种有选择杀伤性。但对肠道革兰氏阴性菌（如大肠杆菌和鼠伤寒沙门氏菌）或革兰氏阳性菌（如枯草芽孢杆菌、黄体微球菌和金黄色葡萄球菌）无效。经 cDNA 克隆结构鉴定，该蛋白为 L–氨基酸氧化酶（LAAO；EC 1.4.3.2）家族。此外，不同的 LAAO，如从感染异尖线虫的鲭鱼分离出的 AIP，从棘头床杜父鱼分离出的 MPLAAO 1 和 MPLAAO 3，从星斑川鲽分离出的 ps–LAAO 和从黄斑蓝子鱼分离出的 SR–LAAO 也被认为与鱼的局部和 / 或系统免疫有关。LAAO 在各器官中的分布因鱼种类的不同而不同；SSAP 存在于许氏平鲉的皮肤和鳃中，AIP 存在于鲭鱼的内脏中，MPLAAO 1 和 MPLAAO 3 存在于棘头床杜父鱼的皮肤中，ps–LAAO 存在于星斑川鲽的鳃中，SR–LAAO 存在于黄斑蓝子鱼的血清中。

LAAO 催化 L–氨基酸底物立体定向氧化脱氨生成相应的 α–氧酸，并通过亚胺酸中间体生成过氧化氢和氨。这些酶具有明显的生物和生理作用，如抗寄生虫活性、凋亡、细胞毒性、水肿、溶血、出血、血小板相互作用以及抗菌活性。为了更好地了解 LAAO 蛋白在鱼类中的生理作用，采用原位杂交技术对 SSAP 进行了组织内定位研究，并明确展示出了 SSAP 在鱼的皮肤和鳃上皮中的表达。

一、SSAP mRNA 在皮肤和鳃中的原位杂交

　　首先进行原位杂交来确定皮肤和鳃中的 SSAP 表达位点，通过 RT–PCR 和实时 RT–PCR 证明了 SSAP mRNA 主要在皮肤和鳃中表达。在皮肤中，表皮反义探针可观察到杂交信号（图 4–16A），而正义探针则不可见杂交信号（图 4–16C）。SSAP mRNA 表达细胞定位于表皮基膜附近（图 4–16B 放大图，箭头）。在鳃切片上，在鳃上皮中检测到阳性反应（图 4–16D），在初生层部分检测到强阳性反应（图 4–16E，白色箭头）。使用正义探针在这些部位未观察到

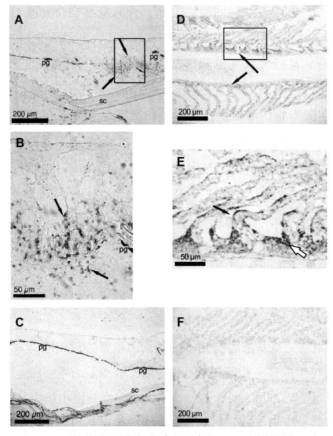

图 4–16　利用探针对岩鱼皮肤和鳃中的 SSAP 进行原位杂交

A–C：皮肤；D–F，鳃；A 和 D：反向探针杂交；B 和 E：分别为 A 和 D 的放大图形；C 和 F：正向探针杂交。箭头为典型的 SSAP mRNA 阳性反应信号。pg, pigment 色素；sc, scale 鳞片

特异性染色（图 4–16F）。这些发现表明，SSAP 是在皮肤和鳃上皮中合成的，尽管表达 SSAP 的细胞种类还有待鉴定。据研究人员所知，除了小鼠 B 淋巴细胞和人类髓系细胞产生的一种独特的哺乳动物 LAAO，白细胞介素 4 诱导基因–1（Il4I1）蛋白以外，还没有其他产生 LAAO 细胞的报道。

二、皮肤 SSAP 的免疫组化

许氏平鲉皮肤切片的 SSAP 免疫组化如图 4–17 所示，因为 SSAP 最初从皮肤黏液中分离出来，主要存在于皮肤中。通过 Western blotting 研究证实免疫血清对 SSAP 具有特异性。在皮肤的黏液层（mu）、黏液细胞（*）和表皮细胞（ep）中明显检测到阳性免疫组化反应（棕色部分）（图 4–17A）。当使用 SSAP 中性的免疫血清时，阳性信号完全消失（数据未显示）。此外，在与非免疫血清孵育的切片中未观察到阳性染色（4–17B）。这些结果表明，皮肤中的交叉反应蛋白最有可能是 SSAP。

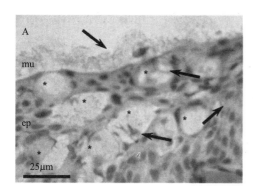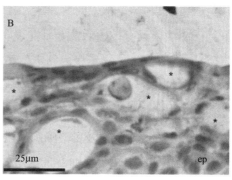

图 4–17　表皮 SSAP 的免疫组化定位

A：SSAP 抗血清处理组；B：对照血清处理组控制血清。ep，表皮细胞；mu，黏液层；*，黏液细胞。箭头显示典型的 SSAP 阳性反应信号

LAAO 的免疫组化分析曾被报道过。Kasai 等（2010）发现，从星斑川鲽鳃表皮黏液中分离出的一种抗菌的 LAAO（ps–LAAO）主要分布在鳃液泡黏液分泌细胞周围的未分化细胞中，位于初生和次生层的上皮内。此外，具有抗菌和抗寄生虫活性的黄斑蓝子鱼血清 LAAO（SR–LAAO）主要分布在脾、肾、鳃和

血清中。需要指出的是，LAAO 在鱼类中的定位因鱼类种类的不同而不同，说明 LAAO 在不同鱼类中具有不同的功能。许氏平鲉皮肤 SSAP 的组织学分析表明，在表皮基膜附近合成的 SSAP 被转移和储存在黏液细胞中，并在皮肤黏液中分泌。在鳃中，SSAP 在鳃上皮中表达。许氏平鲉皮肤和鳃提取物在 L– 赖氨酸作为底物的情况下产生过氧化氢，LAAO 活性分别为（0.19 ± 0.09）单位 /mL（均值 ± 标准差，$n = 3$）和（0.11 ± 0.04）单位 /mL（均值 ± 标准差，$n = 3$）。过氧化氢已被报道负责 LAAO 的抗菌活性，包括 SSAP（Ehara et al.，2002；Zhang et al.，2004；Kitani 等，2008）。因此，研究人员对 SSAP 的一系列研究表明，SSAP 最初从许氏平鲉的皮肤黏液中分离出来，在鱼的皮肤和鳃等前线防御组织中发挥体液免疫因子的作用，保护鱼免受病原菌的侵袭。

三、小结

研究表明，从许氏平鲉的皮肤黏液中分离到了一种新型的抗菌蛋白 SSAP，该蛋白属于 L– 氨基酸氧化酶家族，具有严格的底物特异性，对通过水体传播的革兰氏阴性菌具有抗菌活性。研究表明，SSAP 在皮肤和鳃中分布。在此，通过原位杂交研究 SSAP 在组织内的定位。研究人员将皮肤和鳃切片用地高辛偶联的 SSAP 特异性 RNA 探针杂交，结果表明，SSAP mRNA 阳性细胞位于皮肤表皮基膜和鳃上皮附近。此外，将抗 SSAP 免疫血清作为一抗，用皮肤切片进行了免疫组化分析。皮肤黏液层及黏液细胞显示免疫阳性。皮肤和鳃提取物在存在赖氨酸的条件下产生过氧化氢，拥有抗菌活性。这些结果表明，SSAP 在皮肤和鳃中发挥局部体液免疫因子的作用，阻止病原菌的入侵。

第五章　星斑川鲽L-氨基酸氧化酶研究

第一节　星斑川鲽L-氨基酸氧化酶的金属配位 化合物在结构上对其抑菌活性的研究

L-氨基酸氧化酶（LAAO，EC1.4.3.2）是一种黄酮类酶，它催化L-氨基酸底物氧化脱氨生成 α-酮酸、氨和过氧化氢。过氧化氢是一种强氧化剂，作为细胞内的信号，参与吞噬细胞的氧化暴发，从而消灭入侵微生物。LAAO 的抗菌活性是由于产生过氧化氢。本节研究了 LAAO 的选择性、特异性、直接氧化活性、局部有效性，以及在短时间内产生中间产物或高浓度过氧化氢。此外，还研究了 LAAO 产生的低剂量过氧化氢对细菌膜蛋白表面、DNA 和 RNA 合成的影响。LAAO 分布广泛，在天然免疫中发挥抗菌、诱导凋亡、调控细胞周期阻滞等重要作用，并具有抗病毒、抗寄生虫等特性。LAAO 在各种动物体液成分中是守恒的。

牙鲆表皮黏液中的 LAAO（psLAAO1）对多种致病细菌种类和菌株具有较强的抗菌活性。此外，成功地将抗菌蛋白 psLAAO1 作为一种分泌性生物活性重组蛋白在甲基营养酵母中表达。一些研究报道了重组生产 LAAO 的程序。这些重组 LAAO 显示杀菌和寄生活性，并结合在各种细菌表面，而一些 LAAO 对人类单核细胞、巨噬细胞和红细胞没有细胞毒活性。这些结果表明，LAAO 是治疗各种细菌感染的潜在药物。虽然已有研究表明，LAAO 的抗菌活性与过氧化氢的产生有关，但其对细菌的具体调控机制和特异性尚不清楚。在酶的催化反应中，金属与蛋白质的配合往往起着不可或缺的作用，并提供结构的稳定性。特别是锌、镁和钙可以稳定蛋白质的活性构象，而最近的蛇形LAAO 晶体结构显示，金属配位可以稳定蛋白质的构象。此外，锰离子存在时，几种蛇形 LAAO 的酶活性增加，而锌、镍、钴、铜、铝、钠和钙离子存在时，酶活性增加不明显。因此，LAAO 对金属的配位在调节酶活性方面发挥了作用。在此研究中，对 psLAAO1 进行建模分析，以预测金属配位位点，并检测在螯合或不螯合处理下的抗菌和酶活性。根据预测的金属配位结果制备psLAAO1 突变体，并进行金属检测。结果表明，psLAAO1 的金属配位影响其抗菌活性、酶活性和结构稳定性。

一、psLAAO1 模型的同源性建模及分数评估

以 psLAAO1 的氨基酸序列为模板，使用 SWISS－MODEL 搜索模型，并使用复合评分函数对模型进行评估。搜索模板的 GMQE 和 QMEAN 值分别大于 0.7 和 –4.0，利用这些模板结构构建了蛇毒中 L－氨基酸氧化酶的同源模型，分别为单体（PDB ID：1tdo）、同型二聚体（PDB ID：5ts5、5z2g、1f8s 和 4e0v）以及催化 L－氨基酸脱氨基的同型四聚体（PDB ID：3kve）黄素蛋白。这些模板结构包含高度保守的 LAAO 结构基序，金属离子可以稳定低聚体形式，如单体、同聚二聚体和同聚四聚体 psLAAO1 的预测结构。

二、描述 psLAAO1 中金属结合位点的配位键长度

利用 QMEAN 得分最高的 5ts5 结构建模结果预测，psLAAO1 与两个黄素腺嘌呤二核苷酸（FADs）形成同型二聚体，由两个链上的几个活性残基与两个金属离子配位。金属离子与 Y241（A 链）、D406（A 链）的氧原子和 H348（B 链）的氮原子之间的配位键长度分别为 2.61 Å、2.67 Å、2.57 Å。同样，第二金属离子与 H348（A 链）的氮原子与 Y241（B 链）、D406（B 链）的氧原子之间的配位键长度分别为 2.51 Å、2.60 Å、2.45 Å。

三、psLAAO1 的抗菌活性，不论是否经过螯合剂的预处理

利用毕赤酵母制备了具有生物活性的重组蛋白 psLAAO1，研究金属配位对其抗菌活性的影响。纯化的重组蛋白 psLAAO1 在含有 EDTA 作为金属螯合剂的缓冲液中广泛透析。重组蛋白 psLAAO1 也在相同的不含 EDTA 的缓冲液中广泛透析作为对照。两种样品随后在无 EDTA 缓冲液中广泛透析，并通过平板抑制试验进行抗菌分析。预螯合 psLAAO1 对金黄色葡萄球菌 ATCC 25923、MRSA 临床分离株 87-7927 和副溶血性弧菌 RIMD2210001 的活性高于非 EDTA 处理（对照）psLAAO1 样品。

四、螯合剂预处理前后 psLAAO1 的动力学分析

用酶联法测定了 psLAAO1 金属配位对动力学活性的影响。用 EDTA 或不用 EDTA 处理纯化的重组蛋白 psLAAO1，然后将这些 psLAAO1 样品的缓冲液交换到不用 EDTA 的缓冲液中，并进行酶联试验。以 L-赖氨酸为底物（7.5~15 mmol/L），采用 Lineweaver–Burk 分析进行酶动力学分析。有趣的是，预螯合 psLAAO1 的酶活性和抗菌活性在 EDTA 处理后立即提高；预螯合 psLAAO1 的活性在 1~2 次冻融循环后逐渐降低或消失，而未经过 EDTA 处理的 psLAAO1 在反复冻融循环后仍能保持活性。

五、定点诱变效应

利用酵母菌表达系统构建了一个 H348A psLAAO1 突变体，研究了 H348 在金属离子配位中的作用。制作了野生型（WT）psLAAO1 作为对照，以与突变程序进行比较；用 H209A 突变体作为对照，以与 H348A 突变体进行比较，其中 H209 被预测位于蛋白质和两链之间暴露的溶剂的表面。每个同源重组插入酵母基因组的基因（1806 bp）通过基因组 PCR 检测。层析纯化后，重组 WT、H209A 和 H348A 蛋白采用多克隆抗 pslaao IgG 进行 western blotting 检测

（图 5-1）。WT 和 H209A psLAAO1 蛋白具有抗菌活性，而 H348A 突变体没有抗菌活性（图 5-2）。

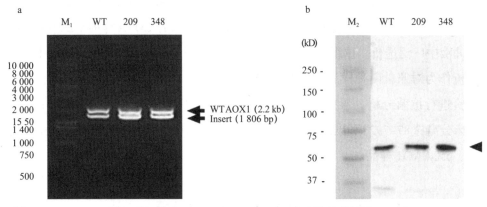

图 5-1　psLAAO1 野生型和 H209A、H348A psLAAO1 突变体的基因组 PCR 和 western blot 分析

a：利用 5′aox1 序列引物和 3′aox1 序列引物进行诱变构建的基因组 PCR。b：Western blot 检测抗 pslaao IgG。M1：Wide Range DNA Ladder（Takara Bio Inc.）；WT：野生型 psLAAO1；209：H209A psLAAO1；348：H348A psLAAO1；M2：Precision Plus Protein™ All Blue 预染色蛋白标准品（Bio-Rad）分子量标记

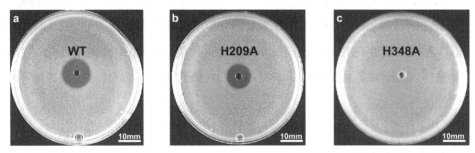

图 5-2　野生型 psLAAO1（a）、H209A（b）和 H348A psLAAO1（c）突变体对 MRSA 临床分离株 87-7927 的抗菌活性

细菌悬浮在 TSA 中，最终浓度为 1×10^6 CFU/mL。将每个样品置于琼脂上的孔上，37℃孵育过夜后测定其抗菌活性

六、配合金属检测的 psLAAO1

进行了一个金属检测试验，以确定金属配位对酶活性的影响。纯化重组

WT、H209A 和 H348A psLAAO1 后，将这些蛋白样品与 Tris−HCl（pH7.0）缓冲液广泛透析交换以去除盐分，然后进行金属检测试验。WT 蛋白与铁、锌、镁的摩尔比分别为（0.12±0.003）、（0.50±0.04）和（3.61±1.09）。同样，一个 H209A 蛋白与铁、锌、镁的摩尔比分别为（0.04±0.001）、（0.33±0.03）和（3.48±1.45），与 WT 蛋白的摩尔比相似。一个 H348A 蛋白与铁、锌的摩尔比分别为（0.07±0.004）和（0.43±0.06），与 WT 和 H209A psLAAO1 的摩尔比相近。相反，H348A 突变体样品中没有检测到镁。值得注意的是，在预螯合的 psLAAO1 样品中只检测到铁。在所有构建物和螯合蛋白样品中均未检测到钙。

在研究中发现了 psLAAO1 的同源建模预测了金属离子与 Y241、H348 和 D406 残基配位的多重结构。此外，发现金属螯合剂对 psLAAO1 进行预处理后，其米凯利斯（Michaelis）常数和催化常数值发生了变化。重组 H348A psLAAO1 突变体无抗菌活性。使用金属检测法检测 WT psLAAO1 和 H209A 突变体样品中的铁、锌、镁离子。H348A 突变体的铁和锌水平与 WT 和 H209A psLAAO1 蛋白相似，但未检测到镁。预螯合的 psLAAO1 样品中只检测到铁。

许多蛋白质都含有一种功能所必需的金属。据估计，在所有已知的酶中，大约有 1/3 含有一种金属离子作为功能因子。金属蛋白需要一种金属辅助因子来维持结构稳定性或实现其功能。最近，一些蛇形 LAAO 晶体结构表明，金属离子可以稳定具有酶活性的同二聚体和同四聚体的四元结构，而这些金属离子配位位点对 LAAO 的生物活性至关重要。总的来说，金属离子配位是调节各种酶活性和结构稳定性的关键。在许多研究中，镁、锌和钙离子稳定蛋白质的结构折叠和生理活性构象（Bertini 等，2001）。金属离子是许多酶的组成部分，在氧化还原催化反应中是不可缺少的，它们也在特定复合物的形成中发挥重要作用，如血红蛋白，其中含有铁以结合氧气。

因此，LAAO 的金属配位可能在增强结构稳定性和间接氧化反应中发挥重要作用。有趣的是，之前的一份报告表明，LAAO 需要镁离子来促进酶活性，而锌离子抑制 LAAO 的活性。一般来说，镁离子能够稳定亚基之间的界面作用，使许多蛋白质具有活性的低聚体形式。相反，金属离子的抑制作用可能与它们能够可逆地结合到蛋白质的活性位点有关，从而通过改变蛋白质的构象来破坏底物的结合，降低酶活性（Bertini 等，2001）。因此，研究人员假设 LAAO 表面的金属配位可能调节酶活性和结构稳定性。

此研究结果表明，psLAAO1 的 H348 通过形成金属配位键介导镁配位，这是因为 H348A 突变体的金属检测中未检测到镁。重组 H348A 突变体无抗菌活性。因此，假设 psLAAO1 的 H348 不可逆地协调镁，这对酶活性位点的形成和蛋白质的稳定性至关重要（在蛋白质表达中也是如此），因为用除去镁的螯合剂处理样品，经过一两次冻融循环后，样品的稳定性逐渐降低。观察到在所有结构中，大约 0.5 mol 的锌与 1 mol 的蛋白配位，这表明锌与 psLAAO1 单体并不配位。有趣的是，最初试图使用更大的底物浓度范围来确定酶动力学，但观察到酶活性在低底物和高底物浓度时显著下降，无法对数据进行准确的米凯利斯－门登（Michaelis–Menten）分析。因此，使用更窄的底物浓度范围来创建 Lineweaver–Burk 图。这种酶活性的降低在低底物浓度和高底物浓度可能是一种变构效应，导致可逆性复合物的形成。因此，在锌的存在下，psLAAO1 可以形成二聚体或更高的低聚体。此外，随着金属螯合处理增加了抗菌活性和 psLAAO1 与底物的亲和力。尽管 LAAO 是天然免疫产生双氧水的主要抗菌剂，但对其专门针对细菌的调节机制仍知之甚少。详细了解 psLAAO1 的调控机制，将为 psLAAO1 作为一种抗菌药物治疗临床多重耐药病原菌引起的感染提供潜在的途径，因为 psLAAO1 对细菌具有较高的敏感性和结合能力。本研究提出的金属介导的调控机制为 psLAAO1 的调控机制提供了思路，未来的工作旨在进一步解读该金属蛋白的抗菌活性、对细菌的特异性以及结构构像。

七、小结

L－氨基酸氧化酶具有抗菌活性，在先天免疫中发挥重要作用。研究人员已经从牙鲆的黏液中鉴定出一个约 52 kDa 的 LAAO（psLAAO1），并利用毕赤酵母成功地生产了 psLAAO1 作为分泌蛋白的重组蛋白。重组 psLAAO1 对细菌生长的抑制水平与黏液中的天然的 psLAAO1 相同。在研究中，psLAAO1 的同源性建模预测了 Y241、H348 和 D406 残基的金属配位。研究人员发现，在螯合剂预处理后，psLAAO1 的米凯利斯常数（Km）降低，催化常数（Kcat/Km）值增加。与非螯合蛋白样品相比，经 EDTA 处理的 psLAAO1 的酶活性在经过 1 ~ 2 次冻融循环后逐渐降低或消失。通过定点诱变产生的 H348A psLAAO1 突变体和由毕赤酵母产生的重组菌株不具有抗菌活性。金属检测结果表明，非金属配位组氨酸突变体（H209A，对照）的铁、锌和镁水平与野生型 psLAAO1 相似，而在 H348A 突变体样品中未检测到镁。经螯合剂处理的野生型 psLAAO1 不含锌和镁离子。综上所述，psLAAO1 的金属配位影响酶活性，H348 参与镁的配位，并且 psLAAO1 的金属配位为其提供基本的结构稳定性。

第二节　星斑川鲽体表黏液中新型 L– 氨基酸氧化酶的分离鉴定及其抗耐甲氧西林金黄色葡萄球菌活性的研究

许多动物的体表黏液起着防御作用，它是抵抗细菌和病毒感染的物理和化学屏障。据报道，体表黏液的成分变化很大，并具有防御许多寄生虫寄生的生物功能。鱼类也会产生这种黏液物质来防御病原生物，因为它们的环境中有丰富的微生物。已知鱼的皮肤和鳃黏液分泌物含有许多对细菌和病毒有活性的物质，包括肽、溶菌酶、凝集素和蛋白酶。这些物质也在先天免疫中发挥重要作用。从几种鱼类的体表黏液中分离出的抗菌肽已经被鉴定出来。其中一种抗菌肽是通过破坏细菌细胞膜而起作用，其被认为是真核免疫的重要效应物。近年来，研究表明，在鱼体受病原体感染后，在鱼的鳃、脾、头和肾等组织中抗菌肽 mRNA 表达增加。从杂交条纹鲈的皮肤和鳃中分离得到一种具有 22 个残留的抗菌肽莫诺菌素（moronecidin），具有广谱抗菌活性。一种来自虹鳟的溶菌酶样肽对革兰氏阳性菌具有抗菌活性。此外，在鲤鱼黏液提取物中发现一种对革兰氏阴性菌和革兰氏阳性菌均具有离子通道活性的抗菌蛋白。在冬季比目鱼的皮肤黏液中发现对革兰氏阴性菌和革兰氏阳性菌均有抗菌活性的分泌物。

近年来，一些报道详细记录了鱼类黏液中存在的高分子量抗菌蛋白，如岩鱼对革兰氏阴性菌具有选择性抗菌活性。从虹鳟中分离出来的一种能形成孔隙的 65 kDa 糖蛋白也被发现具有很强的抗菌性能。鲷鱼、鳗鲡和虹鳟黏液的疏水上清液中的糖基化蛋白对革兰氏阴性菌和革兰氏阳性菌均表现出强烈的活性。

牙鲆体表具有丰富的黏液，在它的黏液中发现了一种抗菌蛋白，该黏液蛋白对表皮葡萄球菌、金黄色葡萄球菌和耐甲氧西林金黄色葡萄球菌（MRSA）具有抗菌活性。此外，研究人员鉴定了该抗菌蛋白为一种新型 L- 氨基酸氧化酶（LAAO；EC.1.4.3.2）。LAAO 可催化氨基酸底物的氧化脱氨，在多种动物体液中均有抗菌作用，如蛇毒。下面对来自星斑川鲽体表黏液中的类 LAAO 蛋白的分离与克隆进行介绍。

一、黏液的抗菌活性

据推测，星斑川鲽体表黏液（PSEM）中之所以含有抗菌物质，是因为暴露在外界环境中的体表是细菌入侵的第一道屏障。因此，采用平板生长抑制法分析了 PSEM 对 19 种革兰氏阳性和革兰氏阴性临床病原菌的抑菌活性。PSEM 抑制了所有葡萄球菌的生长（抗菌性评分：2+～3+）。表皮葡萄球菌的增殖受到强烈抑制，在研究的所有细菌中效果最为显著。PSEM 不仅对金黄色葡萄球菌具有中等抑菌活性，而且对两株金黄色葡萄球菌的抑菌活性略有不同。PSEM 也抑制了 MRSA 的生长，5 株耐甲氧西林金黄色葡萄球菌（MRSA）菌株的抗菌活性没有显著差异。在革兰氏阳性球菌中，除葡萄球菌外，PSEM 对化脓性链球菌的生长抑制较弱（1+）。在革兰氏阴性杆菌中，PSEM 对副溶血性弧菌的增殖有较弱的抑制作用。结果表明，PSEM 对两株链球菌和 5 株肠球菌均无抑菌活性，包括万古霉素耐药肠球菌（VRE）、大肠杆菌、黏质沙雷氏菌和铜绿假单胞菌。在平板生长抑制法试验中，收集 MRSA 试验中形成的清晰区域的琼脂培养基，在 trypticase soy agar（TSA）中培养，以确认 PSEM 的杀菌活性。结果表明，PSEM 对 MRSA 具有杀菌活性，因为在培养 96 h 后，MRSA 在 TSA 中不增殖。

二、PSEM 对抗菌活性的温度敏感性

一般情况下，蛋白质在热处理后会失去活性，补体（血液的一种成分）在 56℃加热 30 min 后会被灭活。因此，为了研究抗菌成分的性质，研究人员在不同温度下对 PSEM 的抗菌活性进行了研究。PSEM 对 MRSA 87-7928 的抗菌活性在 45℃时略有降低，在 56℃时显著降低，在 70℃时完全降低，说明 PSEM 的抗菌成分是一种蛋白质。

三、PSEM 中抗菌蛋白的纯化

采用超离心法分离 PSEM 中的抗菌蛋白，疏水层析纯化。蛋白质组分在 280 nm 处的吸光度测定，抑菌活性用平板生长抑制法测定。用凝胶过滤色谱和聚焦色谱进一步纯化混合的抗菌组分。在凝胶过滤层析和色谱聚焦步骤中，抑菌活性被洗脱为一个单峰。经色谱聚焦分离的具有抗菌活性的组分的 SDS / PAGE 包含 3 个主要条带，分子量分别为 39 kDa、40 kDa 和 52 kDa。由于蛋白质的不可逆变性，SDS / PAGE 处理后的凝胶中未检测到抗菌活性。因此，研究人员在 6 mol/L 尿素存在的情况下进行了 PAGE（6 mol/L 尿素 / PAGE），将抗菌蛋白分离为剩余的生物活性。有趣的是，纯化后的 PSEM 在此步骤后仍保持其生物活性。采用平板生长抑制法分析了 6 mol/L 尿素 / PAGE 凝胶提取物的抑菌活性，SDS / PAGE 确定了抗菌蛋白的分子量。抗菌蛋白仅在 19~22 组分中检测到，其分子量估计为 52 kDa。39 kDa（23~24 馏分）和 40 kDa（15~16 馏分）的两种低分子蛋白均无抗菌活性。2D 凝胶电泳显示在 52 kDa 处有一个单点，等电点为 5.3。

四、抗菌蛋白的 cDNA 克隆及序列分析

将抗菌蛋白经过 2D 凝胶电泳出现位点条带，切下 52 kDa 对应的位点进行克隆。然后，利用 Edman 降解法分析 n 端肽段序列，利用氨基酸测序仪测定内肽段序列。这表明，氨基肽序列是 Leu-Ser-Phe-Arg-Ala-His-Leu-Ser-Asp，

内部肽序列是 Arg–Thr–Phe–Glu–Val–Asn–Ala–His–Pro–Asp–Ile–Leu，Ser–Ala–Asp–Gln–Leu–Leu–Gln–Gln–Ala–Leu Ser–GluGly–Arg–Leu–His–Phe–Ala–Gly–Glu–His–Thr。从鱼皮和鳃中提取 mRNA，确定 PSEM 抗菌蛋白的 cDNA 编码，根据 n 端肽序列 LSFRAHLSD 和内肽序列 RTFEVNAHPDIL，采用简并引物进行 PCR，然后分别用 3′–RACE 和 5′–RACE 扩增其全长 cDNA。序列分析发现两个基因与鳃抗菌蛋白肽完全对应，另一个基因与皮肤高度相似（DDBJ accession number AB495361）。在鳃中发现的全长 cDNA，编码一种抗菌蛋白，由 2 002 bp 和 poly（A）组成。LSFRAHLSD 的 n 端氨基酸序列由 183~209 核苷酸编码。内部氨基酸序列 RTFEVNAHPDIL、SADQLLQQAL 和 SEGRLHFAGEHT 分别位于 567~602、636~675 和 1 524~1 559 位点。起始密码子 ATG 位于 102~104 位，开放阅读框由 1 566 bp 区域组成，编码 522 个氨基酸残基。BLAST 搜索结果表明，编码的抗菌蛋白与许多 LAAO 黄素蛋白具有相同的特性。编码该抗菌蛋白的基因与薛氏海龙体表黏液抗菌 LAAO 具有 71% 的同源性（NCBI 加入。BAF43314），与日本鲈（*scomber japonicus*）细胞凋亡诱导蛋白同源性为 69%（NCBI accession no. CAC00499）。结构域搜索结果表明，该基因包含一个二核苷酸结合基序和一个 GG – 基序（R–x–G–G–R–x–x–T / S），是典型的黄素类蛋白。采用 RT–PCR 方法，对星形藻 LAAO（psLAAO）序列的 5′–UTR 和 3′–UTR 区域引物进行 RT–PCR 检测其组织特异性表达。结果表明，psLAAO 基因在鳃中表达，而在皮肤中不表达。

五、免疫组化定位 psLAAO

为了确定星形藻单胞菌鳃中 psLAAO 蛋白的定位，采用免疫组化方法，从大肠杆菌表达液中纯化不溶性重组 psLAAO 蛋白，免疫日本白兔获得抗 psLAAO IgG。将不含预测信号肽的 psLAAO cDNA 序列克隆到 pET–20b 载体上，转化 Rosetta2（λDE3）大肠杆菌感受态细胞。将不含预测信号肽的 psLAAO cDNA 序列克隆到 pET–20b 载体上，转化 Rosetta2（kDE3）大肠杆菌感受态细胞。用不溶性重组 psLAAO 蛋白制备抗血清。抗 psLAAO IgG 免疫组化显示，在鳃空泡化黏液分泌细胞周围的未分化细胞中呈阳性反应，主要在上皮内的初生层和次生层。黏液分泌细胞用碘酸/希夫试剂（HIO_4/希夫）、阿利新蓝和阿利新蓝–HIO_4/希夫染色阳性。

六、抗 psLAAO IgG 的抗菌活性中和

为了确定抗菌蛋白是否为 psLAAO，使用抗 psLAAO IgG 进行 western blotting 分析和抗菌活性中和试验。在 western blotting 分析中，在黏液和鳃提取物中检测到 psLAAO。在中和试验中，抗 psLAAO IgG 游离对照与正常兔免疫球蛋白对照之间没有明显区别。抗 psLAAO IgG 的中和活性呈抗体浓度依赖性增加。

在研究中，发现星斑川鲽的体表黏液中含有一种蛋白，该蛋白对多种病原菌和菌株具有一定的抑制活性。通过 3 种不同的基质柱层析和凝胶电泳分离了这种抗菌蛋白。此外，研究人员检测了该蛋白的 n 端和内部肽序列，并通过 cDNA 克隆阐明了其完整的 mRNA 序列。BLAST 搜索结果表明，该抗菌蛋白与 LAAO 黄素蛋白具有同源性，结构域搜索结果显示，该基因含有典型的黄素蛋白基序，推测该蛋白为 LAAO 家族的新成员。RT–PCR 和免疫组化分析表明，在鳃中有组织特异性表达和定位。在 Western blotting 分析中，抗 psLAAO IgG 检测到黏液和鳃提取物中的蛋白。此外，对 MRSA 的抗菌活性中和试验表明，透明区略有减少，这取决于所使用的抗 pslaao IgG 的体积。因此，研究人员证实了 PSEM 中存在的蛋白是一种新型的类似 LAAO 的抗菌蛋白。

抑菌效果取决于过氧化氢的产生，因为抑菌活性被过氧化氢酶破坏。在研究中，PSEM 对金黄色葡萄球菌也表现出特定的抗菌活性，而根据所使用的过氧化氢酶的剂量，MRSA 被显著抑制（数据未显示）。因此，PSEM 中的 psLAAO 通过催化氧化 L–氨基酸产生过氧化氢发挥抗菌活性，但其对细菌的选择性作用尚不清楚。

在克隆分析中，鉴定出了与抗菌蛋白肽序列相对应的 cDNA。RT–PCR 结果显示，psLAAO mRNA 在鳃中特异性表达，抗 psLAAO IgG 免疫组化结果显示，鳃中也存在 psLAAO 阳性细胞。这些结果表明，psLAAO 具有组织特异

性表达，并定位于鳃。通过克隆分析，研究人员发现了一个在皮肤中表达的高度同源基因。结构域搜索分析表明，该同源基因还具有一个双核苷酸结合基序和一个 GG 基序，这是 LAAO 家族的特征。此外，BLAST 搜索结果表明，该蛋白与薛氏海龙和 LAAO 家族其他成员的抗菌蛋白具有较高的同源性。免疫组化染色也显示与皮肤组织中抗 psLAAO IgG 阳性反应（数据未显示），因为抗 psLAAO IgG 与从皮肤黏液中提取的高度同源 LAAO 呈交叉反应。这些结果表明，某些类型的 LAAO 在鱼类表皮的不同组织中有表达。

鱼鳃作为鱼类的主要呼吸器官，具有非常重要的功能，而且由于在外部环境中不断暴露于细菌中，它还会分泌黏液层，其中包括抗菌蛋白，从而起到防御的作用。黏液界面在机体和水环境之间的生物学重要性包括生理和化学保护等功能。研究发现 psLAAO 的 n 端肽序列开始于一个亮氨酸残基，而不是一个甲硫氨酸残基。psLAAO 全长 1 566 bp，编码 522 个氨基酸残基，预计分子量大于 52 kDa。研究人员分离的抗菌蛋白估计分子量约为 52 kDa。因此，psLAAO 可能在 Ala27 处被切割变成成熟的蛋白质，并从鳃分泌到细胞外基质中，而始于 Leu28 处的抗菌蛋白可能是覆盖在体表的黏液的组成部分，起着抵御细菌的屏障作用。

研究发现，psLAAO 对多种细菌都有效，其可能用于临床病原菌。MRSA 是医院获得性感染的主要原因，是全世界严重的公共卫生问题，包括英国、日本和美国。这种多药耐药细菌的出现，使开发有效的和新的抗菌药物，用来治疗这些病原体感染势在必行。推测 PSEM 中包含的 psLAAO 可能就是这样一种药物，因为它对 MRSA 具有活性。研究人员未来的工作将致力于提高生物活性重组蛋白 psLAAO 的表达，并评价其抗菌作用的机制。

七、小结

鱼的体表黏液作为抵御环境和捕食者的外部防御屏障。最近，研究人员在牙鲆黏液层发现了一种生物活性蛋白，该蛋白对表皮葡萄球菌、金黄色葡萄球菌和耐甲氧西林金黄色葡萄球菌具有抗菌活性。研究采用层析柱法从星斑川鲽的黏液成分中分离并鉴定了该抗菌蛋白。研究人员利用凝胶电泳和 cDNA 克隆鉴定该蛋白。黏液中抗菌蛋白的分子质量约为 52 kDa，等电点为 5.3，cDNA 测序结果表明其与鳃中抗菌蛋白的肽序列完全一致。BLAST 研究表明，该 cDNA 编码的抗菌蛋白序列与许多 L–氨基酸氧化酶的序列相似，并具有属于黄素类蛋白的几个保守基序。使用特异性引物的 RT–PCR 和抗 psLAAO IgG 的免疫组化分析表明，该基因在鳃中有组织特异性表达和定位。此外，抗 psLAAO IgG 还能中和该蛋白对耐甲氧西林金黄色葡萄球菌的抗菌活性。因此，研究人员证明，该抗菌蛋白是一种新型的具有抗菌活性的类 LAAO 蛋白，类似于蛇类 LAAO。

第三节　星斑川鰈抗菌 L–氨基酸氧化酶的重组表达及评价

星斑川鰈体表黏液中的抗菌蛋白 LAAO（psLAAO1）对革兰氏阳性菌表皮葡萄球菌、金黄色葡萄球菌、耐甲氧西林金黄色葡萄球菌（MRSA）以及各种致病菌种类和菌株均有活性。相比之下，一些细菌如大肠杆菌被发现对 psLAAO1 具有耐药性。psLAAO1 的抗菌活性会被抗 psLAAO1 IgG 和过氧化氢酶完全中和，进一步支持了 psLAAO1 的抗菌活性。

过氧化氢是一种强大的氧化剂，作为细胞内信号，参与吞噬细胞的氧化爆发，使入侵微生物被消灭。过氧化氢参与细胞增殖、生长阻滞、凋亡和坏死的调节，而其他研究表明，需氧生物体通过合成抗坏血酸和谷胱甘肽等抗氧化分子来保护自己免受活性氧（ROS）的侵害。此外，大肠杆菌的内膜含有抗氧化酶、过氧化氢酶（CAT）、超氧化物歧化酶（SOD）、烷基氢过氧化物酶、硫醇过氧化物酶和谷胱甘肽过氧化物酶（GPx）。这些蛋白质的编码基因已经被证明在过氧化物应激后上调，并且 ROS 被抗氧化因子的产生所消除。因此，如果细菌表达的抗氧化基因能够对抗 LAAO 产生的过氧化氢，可能有助于阐明 psLAAO1 耐药菌的保护机制。

有报道称，几种 LAAO 与细菌表面结合，这种相互作用导致细菌表面或附近局部高浓度的过氧化氢。例如，巨型蜗牛黏液中的 LAAO 与大肠杆菌和金黄色葡萄球菌结合。同样，岩鱼黏液中的 LAAO 也会与豆状光杆菌结合。因此，LAAO 与细菌的结合能力在抗菌活性中起重要作用。在研究中，研究人员成功地将抗菌蛋白 psLAAO1 作为分泌型生物活性重组蛋白表达到毕赤酵母中。重组蛋白 psLAAO1 对多种菌株的抗菌活性进行了评价。结果表明，psLAAO1 与特定细菌膜表面的相互作用是影响其抗菌活性的重要因素。

一、分泌型生物活性抗菌重组蛋白 psLAAO1 的表达与纯化

为研究 psLAAO1 的抑菌机理，在一株毕赤酵母（*P. pastoris*，GS115）中表达了重组 psLAAO1。在 28℃、25℃、20℃、15℃和 10℃下检测蛋白表达。诱导后，将细胞置于含 0.5% 甲醇的 BMMY 培养液中培养 96 h，离心收集上层清液。将收集的上层清液装入 HiPrep Phenyl FF（high sub）16/10 柱和 Ni–NTA 琼脂糖柱，通过 SDS–PAGE 和 Western blotting 检测重组蛋白 psLAAO1。在低温（15℃）下，蛋白表达量最高。纯化后，在毕赤酵母中产生的重组 psLAAO1 在 SDS–PAGE 和使用抗 his 抗体的 Western blotting 分析中出现了特异性的单条带。重组 psLAAO1 的分子质量约为 52 kDa，与天然黏液 psLAAO1 相同。重组蛋白 psLAAO1 对 MRSA 具有很强的抗菌活性。纯化后，重组蛋白 psLAAO1 的总收率为 103.23 μg/L，比活性是纯化前物质的 15.7 倍。经质谱分析鉴定得到的重组 psLAAO1 肽序列覆盖度为 59.4%。因此，研究人员成功地获得了高纯度的重组 psLAAO1。

二、重组蛋白 psLAAO1 的抗菌活性

利用平板生长抑制法试验分析了重组 psLAAO1 对 21 种革兰氏阳性菌和革兰氏阴性菌的抑菌活性。重组 psLAAO1 对所有葡萄球菌的抑制作用与含有天然的 psLAAO1 的黏液相同。对于革兰氏阳性球菌，除葡萄球菌外，psLAAO1 对

其生长无抑制作用，而对革兰氏阴性杆菌、奇异变形杆菌、非 O1 霍乱弧菌、副溶血性弧菌、小肠结肠炎杆菌 O7 和假结核杆菌的抑制作用较弱。对 5 株肠球菌、单增乳杆菌、大肠杆菌、铜绿假单胞菌、弗氏假单胞菌、肠炎假单胞菌和桑尼假单胞菌均无抑菌活性。

三、L-氨基酸氧化酶活性及基因表达分析

纯化重组 psLAAO1 对革兰氏阳性菌（表皮葡萄球菌、金黄色葡萄球菌和 MRSA）和革兰氏阴性菌（大肠杆菌、副溶血性弧菌和小肠结肠炎耶氏杆菌）的最低抑菌浓度（MIC）：表皮葡萄球菌对 psLAAO1 最敏感，MIC 为 0.078 μg/mL，其次为副溶血性弧菌（0.16 μg/mL）、MRSA（0.31 μg/mL）、金黄色葡萄球菌（0.63 μg/mL）和小肠结肠炎耶尔森氏菌（1.25 μg/mL）。有趣的是，除大肠杆菌（MIC 为 >10 μg/mL）外，其余细菌对 psLAAO1 均高度敏感，而过氧化氢的 MIC 为 0.63 ~ 0.078 μg/mL。

氧化脱氨酶是一种催化 L-氨基酸底物氧化脱氨生成过氧化氢的黄酶。研究人员也报道了原生 psLAAO1 的抗菌活性完全被过氧化氢酶抑制，从而表明 psLAAO1 的抗菌作用是由于原生 psLAAO1 产生的过氧化氢。在含有 1×10^6 CFU/mL 的大肠杆菌或金黄色葡萄球菌的液体培养基中测定重组 psLAAO1（5 μg/mL）的氧化酶活性。添加到细菌培养基中的 psLAAO1 在 37℃ 培养的第 1 h 内产生约 2.7 mmol/L 的过氧化氢。5 μg/mL 重组 psLAAO1 能完全抑制金黄色葡萄球菌的生长，而 psLAAO1 处理后的大肠杆菌的生长则受到抑制，但在培养约 15 h 后仍能观察到生长。这表明大肠杆菌对 psLAAO1 产生的过氧化氢具有抗性。因此，研究人员对过氧化氢诱导的典型氧化应激蛋白相关基因的表达水平进行了定量研究。结果表明，2.5 μg/mL psLAAO1 处理细胞 20 min 后，编码谷胱甘肽过氧化物酶的 btuE 基因表达量上调了 5 倍，而编码 L-半胱氨酸 / L-胱氨酸转运体的 YdeD、L-半胱氨酸导入体 YliA、Ggt（1-谷氨酰基转移酶）和 KatG（过氧化氢酶）与未经过 psLAAO1 处理的细菌的表达水平相当。

四、psLAAO1 处理后细菌形态的变化

用扫描电镜（SEM）观察重组 pslaao1 处理后的大肠杆菌和金黄色葡萄球菌的细胞形态。psLAAO1 处理的大肠杆菌和金黄色葡萄球菌形态正常；而经过 psLAAO1 处理的细菌表面受到破坏，表面形成聚集体，外观变形。经过 pLAAO1 处理的大肠杆菌细胞比未经 psLAAO1 处理的细菌长得多。因此，定量了 psLAAO1 处理后大肠杆菌细胞壁合成相关基因的表达水平。暴露于 psLAAO1 的细胞中，FtsZ、MinC、MinD 和 MinE 基因（即参与细胞骨架框架和细胞动力学环形成的基因）的表达水平与未处理细菌中观察到的水平相似（数据未显示）。

五、psLAAO1 的细菌表面结合活性

有报道称几种 LAAO 能够与细菌表面结合。通过 Western blotting 分析，检测了 psLAAO1 是否与大肠杆菌和金黄色葡萄球菌的细胞表面相互作用。psLAAO1 中检测出金黄色葡萄球菌的上层清液和颗粒溶解产物，而 psLAAO1 只是存在于大肠杆菌培养基的上层清液。因此，psLAAO1 似乎与金黄色葡萄球菌的细胞壁或细胞膜结合，但不强烈结合大肠杆菌细胞的表面。

在此研究中成功地在甲基营养酵母毕赤酵母（GS115）中表达了具有生物活性的重组蛋白 psLAAO1。纯化的重组蛋白 psLAAO1 对葡萄球菌、引起急性肠胃炎的水生细菌副溶血性弧菌和引起霍乱的弧菌具有抗菌活性。纯化的重组 psLAAO1 的活性与从体表黏液中提取的天然 psLAAO1 相当。在平板抑制实验中，psLAAO1 对革兰氏阴性小肠结肠炎耶尔森氏菌、假结核耶尔氏菌（人类的远东猩红热）和嗜水乳杆菌（鱼类病原体）等水生细菌均表现出较强的抗菌活性。对 psLAAO1 敏感的细菌没有类似的结构特征。

psLAAO1 的序列比对表明，该蛋白与其他鱼类 LAAO 具有较高的序列同源性，包括与尼罗罗非鱼的 LAAO 亚型 X1 的同源性为 72%，与岩鱼抗菌蛋白（SSAP）皮肤黏液抗菌 LAAO 的鉴定率为 71%（Kitani 等，2007），与白鲑鲭鱼（*Scomber japonicas*）诱导凋亡的 LAAO 蛋白（AIP）的同源性为 69%（Murakawa

等，2001），与大杜父鱼（*Myoxocephalus polyacanthocephalus*）的皮肤黏液抗菌 LAAO 的相似度为 67%。

最近，有报道称 SSAP 对杀沙门氏菌气单胞菌的生长具有特异性抑制作用（MIC 为 0.078 μg/mL），与 psLAAO1 具有较高的相似性，其后依次为 *P. damselae spp. Piscicida*（MIC 为 0.16 μg/mL）、嗜水气单胞菌（MIC 0.31 μg/mL）和副溶血性弧菌（MIC 为 0.63 μg/mL）。与所有报道的 psLAAO1 相比，psLAAO1 对葡萄球菌的活性最高（MIC 为 0.16~0.078 μg/mL），其后依次为副溶血性弧菌水生细菌（MIC 为 0.16 μg/mL）和小肠结肠炎杆菌科（MIC 为 1.25 μg/mL）。而 SSAP 对金黄色葡萄球菌的抑制活性较弱（MIC >5.0 μg/mL）。这些结果表明，psLAAO1 与其他鱼类 LAAO 具有较高的同源性，但其抗菌谱有所不同。

测定了 psLAAO1 在含有细菌的液体培养基条件下的 LAAO 活性。在存在 psLAAO1 的情况下，在 1 h 内产生足够水平的过氧化氢来杀死培养中的细菌，然后从每种细菌培养基和 LB 培养基中还原过氧化氢。因此，在液体培养条件下，psLAAO1 在细菌的早期生长阶段产生过氧化氢。

细胞经 psLAAO1 处理 20 min，btuE 基因表达水平提高 5 倍。btuE 蛋白质可保护机体免受氧化损伤，GPx 可减少自由过氧化氢和诱导下应对 ROS。因此，大肠杆菌似乎通过使用 GPx 来减少 psLAAO1 产生的过氧化氢而具有耐药性。

用扫描电镜对 psLAAO1 处理和 psLAAO1 处理后的细菌进行了检测。未处理的大肠杆菌和金黄色葡萄球菌细胞形态正常。然而，psLAAO1 处理后的细菌在细胞表面表现出损伤，出现聚集和变形的现象也普遍存在。此外，经 psLAAO1 处理的大肠杆菌比未经处理的细菌长。FtsZ 基因是参与细胞动力学 Z 环形成细胞骨架框架的细菌微管蛋白，而 Min 系统基因与细胞动力学 Z 环形成抑制剂相关，其表达水平与未暴露于 psLAAO1 的细胞相似。结果表明，psLAAO1 不影响细胞壁合成和分裂相关蛋白的基因表达水平，其抑制细胞分裂的机制尚不清楚。

最近，有报道称几种 LAAO 可以与细菌表面结合，这种结合与它们的抗菌活性相关。因此，研究人员还通过 Western blotting 检测了 psLAAO1 与细菌表面的结合能力。在金黄色葡萄球菌的裂解液中检出 psLAAO1，而在大肠杆菌的裂解液中未检出 psLAAO1。重组蛋白 psLAAO1 在细菌培养后 1 h 产生足够水平的过氧化氢，以抑制细胞的生长和生存。MIC 试验中，所有细菌均对过氧化氢敏感；只有大肠杆菌对 psLAAO1 产生的过氧化氢不敏感。此外，btuE 基因在 psLAAO1 处理的大肠杆菌中被高度诱导。这些结果表明，瞬时的高剂量双氧水处理会影响细菌在孵育后的存活，而 psLAAO1 诱导的双氧水逐渐刺激会加剧耐药菌清除率基因的表达。此外，psLAAO1 结合菌在其自身表面附近暴露于高浓度的过氧化氢环境中，这导致了局部和更强的过氧化作用和氧化破裂。因此，研究人员认为，psLAAO1 与细菌的结合能力与抗菌活性密切相关。综上所述，研究人员推测 psLAAO1 对葡萄球菌具有较高的敏感性和结合能力，可以作为一种可替代的抗菌药物用于治疗临床多重耐药病原菌感染。研究人员未来的工作将致力于提高一个生物活性融合蛋白的表达，并评估该蛋白的抗菌活性和结合机制。

六、小结

鱼类体表黏液可以作为防御多种细菌感染的外部屏障。研究人员最近在牙鲆的黏液中发现了一种抗菌的 L－氨基酸氧化酶（psLAAO1）。在研究中将抗菌蛋白 psLAAO1 作为分泌蛋白在毕赤酵母中表达。重组 psLAAO1 对细菌生长的抑制程度与黏液中天然的 psLAAO1 相同。对 21 个菌株产生生长抑制情况，尤其对葡萄球菌和耶尔森菌产生强烈的抑制，在 21 个菌株抑制水平最高。表皮葡萄球菌对 psLAAO1 最敏感，最低抑菌浓度（MIC）为 0.078 μg/mL，而大肠杆菌对 psLAAO1 基本具有抗性，最低抑菌浓度（MIC）为 >10 μg/mL。经 psLAAO1 处理后，大肠杆菌中谷胱甘肽过氧化物酶（GPx）的 btuE 基因表达上调。在活性氧（ROS）反应下被诱导的 GPx 功能是降低游离的过氧化氢。因此，大肠杆菌通过增加 GPx 水平，对 psLAAO1 产生的游离过氧化氢产生抗性。重组蛋白 psLAAO1 的存在完全抑制了金黄色葡萄球菌的生长。psLAAO1 处理后金黄色葡萄球菌的细胞表面出现损伤，形成大量聚集物，细胞发生严重变形。Western blotting 结果显示，psLAAO1 可与金黄色葡萄球菌表面结合。因此，psLAAO1 结合到对 LAAO 敏感的金黄色葡萄球菌的表面，诱导细菌膜表面产生过氧化活性。

第六章　黄斑蓝子鱼 L–氨基酸氧化酶研究

第一节　高剂量刺激隐核虫感染黄斑蓝子鱼后 L–氨基酸氧化酶表达谱与生化功能分析

刺激隐核虫是一种专性纤毛虫，可感染热带和亚热带地区几乎所有种类的海洋硬骨鱼。这种原虫寄生在宿主的皮肤、鳃、鳍和角膜上，并形成大量小白点，导致一种俗称"白斑病"的疾病。这种病会严重损害皮肤和鳃的生理功能。近几十年来，我国海水养殖业发展迅速，但不幸的是，随着养殖密度的增加，由刺激隐核虫引起的疾病已成为一种主要的寄生虫病，并造成巨大的经济损失。为了找到有效的预防方法，人们研究了许多物理和化学方法来帮助预防和控制这种疾病；热处理、淡水浸泡、干燥处理、去除包囊、紫外线辐射和口服化疗药物已被证明有一定的效果。然而，所有这些治疗方法都有一些缺点。例如，这些方法通常不适用于大型水体，会造成环境污染，对鱼类有毒或在鱼肉中产生化学残留物。近年来，研究人员一直致力于探索对抗刺激隐核虫。一些人已经证明，事先感染或免疫可以对海水鱼类物种提供后天保护，使其免受刺激隐核虫的困扰。然而，对于原发感染，保护鱼类免受刺激隐核虫感染，很大程度上要依赖先天的免疫系统。对硬骨鱼来说，抗菌素是先天免疫最早的分子促进剂之一，在防御病原体方面发挥着关键作用。

在先前的研究中，发现黄斑蓝子鱼在对抗刺激隐核虫方面表现出很强的作用，其血清对刺激隐核虫也有较强的体外杀伤作用，所以，从血清中分离纯化出一种新的抗寄生虫蛋白（L–氨基酸氧化酶，LAAO）。后来的研究表明，在大肠杆菌中表达的重组黄斑蓝子鱼 LAAO 对刺激隐核虫也具有致死性。然而，很少有研究报道被刺激隐核虫感染后 LAAO 基因的表达模式；此外，黄斑蓝子鱼被寄生虫感染后的生化反应在很大程度上是未知的。下面通过实验，测量黄斑蓝子鱼在被高剂量的刺激隐核虫（30 000 幼虫 / 鱼）感染后的各种参数：LAAO mRNA 在鳃、脾中的表达水平，以及鳃和肝中超氧化物歧化酶（SOD）、Na+/K+–ATP 酶和 Ca^{2+}/Mg^{2+}–ATP 酶的活性。本实验认为，当受到刺激隐核虫感染后，LAAO 在宿主的防御中可能比其他生化因子起到更重要的作用。

一、刺激隐核虫感染黄斑蓝子鱼

黄斑蓝子鱼被感染刺激隐核虫（30 000 幼虫 / 鱼）后，不影响其摄食量和活动能力。相反，在其他研究中，相同剂量的刺激隐核虫感染同样大小或更大的鱼会导致严重的死亡和损害，如斜带石斑鱼（*Epinephelus Coioides*）、褐菖鲉（*Sebastiscus Marmoratus*）、金鲳鱼（*Trachinotus ovatus*）和大黄鱼。在之前的研究中，利用 8 种主要的海水养殖鱼类（具有广泛的分类学），证实了刺激隐核虫感染强度因物种而异。此外，其他研究人员还发现，黄斑蓝子鱼被感染的概率远低于其他品种的鱼类，如石斑鱼，这与研究结果一致。研究表明，黄斑蓝子鱼是一种较不易被刺激性隐核虫感染的鱼类。

二、刺激隐核虫感染后 LAAO 的表达分析

为了了解 LAAO 基因在黄斑蓝子鱼中的表达，分析了黄斑蓝子鱼 10 个组织的 mRNA 表达谱。结果表明，LAAO 在黄斑蓝子鱼的所有组织中均有表达：在头肾和鳃中表达最强，在脑、肾、胸腺和肌肉中表达较弱，与早期研究中的观察结果相似。LAAO 在无脊椎动物和脊椎动物的先天防御机制中发挥着潜在的作用，其功能被认为是由于 LAAO 催化氨基酸氧化脱氨时产生的过氧化氢具有强烈细胞毒性作用。最近发现，许多鱼类皮肤黏液和鳃中的 LAAO 具有很强的抗菌活性，包括多棘头鱼、许氏平鲉和星斑扁鱼。在研究中，LAAO 主要分布

在免疫组织中，表明 LAAO 在宿主先天免疫中具有潜在的作用。

虽然 LAAO 在鱼体外表现出很强的抗寄生虫活性，但对 LAAO 在体内防御鱼类寄生虫中的作用知之甚少。因此，研究人员研究了黄斑蓝子鱼感染刺激隐核虫 LAAO 基因的 mRNA 表达谱。在每个时间点上，与对照组相比，实验组 LAAO 表达的变化为数倍。在鳃和脾中，黄斑蓝子鱼被感染 6 h 后 LAAO 迅速上调，12 h 达到高峰（分别为 32.5 倍和 25.7 倍），并在 24 h 保持较高水平，表明系统免疫器官（脾）和局部黏膜相关淋巴组织（鳃）对寄生虫感染有显著的免疫应答。在早期的一项研究中，这种新的抗微生物 / 抗寄生虫蛋白 LAAO 是从黄斑蓝子鱼血清中分离出来的，并被证明对刺激隐核虫、布氏锥虫和多子小瓜虫具有致死性。Shen 等发现，罗非鱼在感染无乳链球菌后，LAAO 表达迅速而敏感，表明该基因在对无乳链球菌的先天免疫应答中发挥重要作用。这些数据表明，鱼类 LAAO 可能参与了宿主对抗寄生虫和细菌感染的早期防御。

三、LAAO 的酶活性分析

一般来说，当刺激隐核虫入侵宿主时，会严重破坏皮肤和鳃组织的结构，并扰乱生理功能。为了观察黄斑蓝子鱼被刺激隐核虫感染后细胞壁损伤的氧化应激反应，测定了鳃组织和肝组织的 SOD、Na^+/K^+–ATP 酶和 Ca^{2+}/Mg^{2+}–ATP 酶活性。实验组肝 SOD 活性仅在 48 h 时高于对照组（$P < 0.05$），而在 0 h、6 h、12 h、24 h、72 h、120 h 和 168 h 时差异不显著。对于鳃，实验组和对照组在所有时间点均无差异。SOD 参与细胞和组织损伤引起的氧化应激反应，这类酶的表达增加可能是保护宿主组织所必需的。但是，Morga 等发现，在欧洲牡蛎（ Ostrea edulis ）被单孢子虫感染的过程中，血细胞中 SOD 基因的表达增加，这在控制氧分子（ROS）产生对宿主细胞的负面影响中发挥了积极作用。Yi 等的研究发现，石斑鱼肝超氧化物歧化酶（SOD）活性随刺激隐核虫感染剂量的增加而升高。在这项研究中，研究人员得出结论，黄斑蓝子鱼的鳃和肝不会因为被感染刺激隐核虫而遭受强烈的氧化应激。

肝中 Na^+/K^+–ATP 酶和 Ca^{2+}/Mg^{2+}–ATP 酶的活性在实验组和对照组之间没有

显著差异。然而，实验组鳃中的 Na^+/K^+–ATP 酶和 Ca^{2+}/Mg^{2+}–ATP 酶在 12 h 和 24 h 的活性均低于对照组（$P < 0.05$），之后恢复正常。ATP 酶在离子调节和损伤细胞壁的自我修复能力中起重要作用。例如，钠 / 钾 ATP 酶分别负责在细胞内和细胞外介质中维持高浓度钾离子和低浓度钾离子。在鱼类中，离子释放是由 ATP 酶维持相对稳定性的能力介导的，主要是通过鳃氯细胞。Yen 等认为，随着感染浓度的增加，Na^+/K^+–ATP 酶活性总体呈升高趋势。相比之下，感染浓度 < 7500 幼虫 / 鱼的，血清中 Na^+ 和 Cl^- 浓度没有明显变化，而在浓度为 10 000 幼虫 / 鱼的组，感染后各时间点均高于其他组。推测 ATP 酶是感染刺激隐核虫后机体受损的标志。在研究中，这一结果可能是由于黄斑蓝子鱼的鳃损伤相对较轻，鱼的自我调节能力较强，并且肝没有受到刺激隐核虫感染的影响。

高剂量的刺激隐核虫感染黄斑蓝子鱼不会对其生理功能造成明显的损害。有趣的是，LAAO 基因在感染后早期显著上调，其表达量可达对照组的 31.5 倍。这表明 LAAO 在宿主抵御刺激隐核虫感染中起着重要作用。此外，鱼体的生化反应也能得到有效恢复，说明鱼体的损伤相对轻微和短暂。

四、小结

刺激隐核虫是一种重要的原虫，几乎可以感染所有的海洋硬骨鱼，造成海洋养殖业巨大的经济损失。在研究人员之前的研究中，发现黄斑蓝子鱼对刺激隐核虫感染具有较高的抗性，并从黄斑蓝子鱼血清中鉴定出一种新型蛋白质——L–氨基酸氧化酶（LAAO）。在研究中，首先用高剂量的刺激隐核虫感染黄斑蓝子鱼，检测不同组织中 LAAO mRNA 的表达模式和 3 种酶超氧化物歧化酶（SOD）、钠 / 钾 –ATP 酶和钙 / 镁 –ATP 酶的活性。结果表明，黄斑蓝子鱼被刺激隐核虫感染后摄食和游动正常，宿主体内感染强度较低。组织分布分析表明，LAAO mRNA 在头肾和鳃中表达最明显，在肌肉中表达较低。黄斑蓝子鱼在感染刺激隐核虫早期（6~24 h），鳃和脾中 LAAO mRNA 表达均上调，但随后恢复到正常水平，这意味着 LAAO 可能在宿主应答刺激隐核虫早期免疫反应中发挥重要作用。被刺激隐核虫感染的肝 SOD 活性在 48 h 后显著高于对照组，感染 12 h 和 24 h 后，鳃中 Na^+/K^+−ATP 酶和 Ca^{2+}/Mg^{2+}−ATP 酶活性降低；在整个实验过程中，上述 3 种酶在其他时间点的活性均未检测到显著差异。综上所述，黄斑蓝子鱼在被感染高剂量寄生虫后的生化反应相对较轻，而 LAAO 可能在黄斑蓝子鱼对抗刺激隐核虫的防御中发挥重要作用。

第二节　黄斑蓝子鱼血清抗菌活性分析与 L−氨基酸氧化酶的分离鉴定

黄斑蓝子鱼是我国东南沿海一种重要的经济鱼类，分布广泛。它们既是一种受欢迎的水族鱼，也是一种重要的经济食用鱼类。在之前的研究中，研究人员发现黄斑蓝子鱼的血清对刺激隐核虫有很强的杀灭作用，刺激隐核虫是一种重要的海洋纤毛虫原生动物，会导致一种通常被称为"海水鱼类白点病"的疾病。本节研究的重点是黄斑蓝子鱼血清对其他寄生虫或病原微生物有何作用，以及血清中的活性因子是否与以往报道的杀灭刺激隐核虫的活性因子具有相同的蛋白质。因此，选择了几种革兰氏阳性菌和革兰氏阴性菌来检测血清的抗菌活性。同时，还选择了两种寄生虫进行检测：布氏锥虫（一种家畜和野生动物非洲锥虫病的病原体）和多子小瓜虫（一种淡水鱼的严重致病性寄生虫）。

LAAO 家族蛋白有一个共同的二核苷酸结合基序和一个 GG 基序（R−x−G−G−R−x−x−T/S）。经 SDS−PAGE 分析，它们通常是与黄素腺嘌呤二核苷酸（FAD）结合的同源二聚体糖蛋白，分子量为 50~70 kDa。FAD 在酶反应中催化电子转移。本研究发现了一种独特的黄斑蓝子鱼血清抗菌谱，它对来自鱼类病原体和非水生物种的革兰氏阳性菌和革兰氏阴性菌均有抗菌活性。同时，该血清对两种寄生虫布氏锥虫和多子小瓜虫有杀灭作用。此外，还纯化了一种新的 L−氨基酸氧化酶，证明该蛋白与以往报道的对刺激隐核虫有杀灭作用的蛋白相同。目前，免疫应答相关蛋白的鉴定对于阐明免疫防御机制和疾病控制具有重要意义，因为它们在抗病品系选育方面具有潜在的治疗作用和遗传改良生物标志物的作用。

了解抗性机制可以更好地控制鱼类病害，从而提高水产养殖的效率和产量。

一、黄斑蓝子鱼血清具有广泛的抗菌谱

黄斑蓝子鱼的血清标本均能抑制革兰氏阴性菌和革兰氏阳性菌的生长。其中，枯草芽孢杆菌、大肠杆菌和温和气单胞菌对血清高度敏感。另外，金黄色葡萄球菌和溶藻弧菌对血清表现出更强的耐药性。黄斑蓝子鱼血清的抗菌活性因个体而异，但所有样本鱼均表现出抗菌活性。然而，两种真菌（黑曲霉和禾谷镰刀菌）的生长没有受到同样程度的抑制。除石斑鱼外，其他鱼类血清均无抗菌作用。此外，石斑鱼血清对所有细菌的抑菌活性均低于黄斑蓝子鱼（数据未显示）。

黄斑蓝子鱼血清对各种细菌的最小抑制滴度（MIT）各不相同。该血清对霍乱弧菌和迟缓爱德华氏菌的生长有较强的抑制作用，最低抑菌浓度分别为（8.5 ± 4.349）和（8.5 ± 7.848）。

二、黄斑蓝子鱼血清对金黄色葡萄球菌和大肠杆菌的不同作用

当用黄斑蓝子鱼血清处理金黄色葡萄球菌和大肠杆菌时，细菌表面起皱，细胞膜变形，导致细胞表面形成气泡。然而，当这两种细菌被其他鱼类血清（这里代表的是鲳鲹血清）处理时，与显示正常光滑表面的未处理细胞相比没有变化。

三、黄斑蓝子鱼血清对多子小瓜虫的杀灭作用

除黄斑蓝子鱼外，其余鱼血清均未表现出对多子小瓜虫的固定化作用。黄斑蓝子鱼的固定化效价为（21.33 ± 9.238）。固定化试验表明，在向多子小瓜虫中加入黄斑蓝子鱼血清后，其游动速度迅速减慢，纤毛最终脱落。在黄斑蓝子鱼血清中孵育的多子小瓜虫细胞变圆，核的大核逐渐肿胀、破裂并最终从核物质中排出。多子小瓜虫的死亡（突然固定，然后快速裂解和解体）通常发生在加入黄斑蓝子鱼血清的前 5 min 内。然而，多子小瓜虫与其他鱼类血清（此处代

表的是鲳鲹血清）孵育后存活了 12 h 以上。

四、黄斑蓝子鱼血清对布氏锥虫有较强的杀灭作用

黄斑蓝子鱼血清对布氏锥虫的最低杀锥虫效价（MTT）在 1 h 为 1.5%。在开始的 20 min 内，布氏锥虫数量迅速减少，此后，经黄斑蓝子鱼血清处理 1 h 后，孔中布氏锥虫均不再活跃。与此同时，添加了其他鱼类血清（此处代表的是鲳鲹血清）的布氏锥虫的数量即使在 10% 的血清浓度下（数据未显示）也没有变化。

激光共聚焦荧光显微镜观察结果表明，加入黄斑蓝子鱼血清后，布氏锥虫的体形发生了显著变化。布氏锥虫细长体收缩成球状，细胞核肿胀，最后膜破裂。布氏锥虫用鲳鲹血清处理后与对照组相同，对形状无影响。

五、纯化了抗菌蛋白，并对其功能进行了鉴定

用抑制区分析法检测超滤后 30 kDa 以上的浓缩组分的抗菌性能（数据未显示）。将高活性组分混合，在 C8 柱上用反相高效液相色谱（RP–HPLC）进一步纯化。色谱显示保留时间分别为 2.1 min、2.9 min、3.3 min、5.3 min 和 12.9 min 的 5 个主峰，仅在第一个峰检测到抗菌活性。当在非还原条件下用 12% Native–PAGE 分离这一活性部位时，凝胶重叠实验结果显示，在大肠杆菌或金黄色葡萄球菌悬浮液的平板上只有一条带显示抑制带。这样就回收了抗菌蛋白，在 SDS–PAGE 中只有一条带，表明它是同源性的。Western blotting 显示，只有装载黄斑蓝子鱼血清和纯化蛋白样品的泳道才有阳性信号。然而，装载整个石斑鱼血清样本的泳道没有阳性信号。质谱分析结果表明，纯化蛋白的 N 端为 SSVEKNLAACLRDND。

六、抗菌蛋白的克隆与鉴定

该蛋白全长 cDNA 序列为 1 725 bp（GeneBank 登录号 HQ540313），通过简并引物克隆和 SMART RACE 方法获得。该序列全长包含一个 1 584 bp

的开放阅读框架（ORF），编码 527 个氨基酸残基的多肽。信号肽序列为 MDLHRAPWKSSAAAAVLLLALFSGAAA。成熟蛋白的 N 端序列紧跟信号肽，与 Edman 直接降解法（SSVEKNLAACLRDND）测定的序列相同。结构域搜索表明，该 cDNA 序列包含一个二核苷酸结合基序和一个 GG 基序（R–x–G–G–R–x–x–T/S）。MALDI–TOF–TOF–MS 质谱分析结果表明，该蛋白与日本鲭内质网 L–氨基酸氧化酶高度相似，为 L–氨基酸氧化酶类蛋白。因此，出于紧凑的考虑，将该蛋白命名为黄斑蓝子鱼 L–氨基酸氧化酶（SR–LAAO）。SR–LAAO 的理论等电点为 6.13，SR–LAAO 的分子量为 58 810.79 Da。两个潜在的 N– 糖基化位点分别位于序列号 58 和 393，但未发现 O– 糖基化位点。420~425 序列号之间的 LAEMAL 氨基酸可能是 NES 软件在线分析的核输出信号。亚细胞定位分析：内质网占 44.4%，高尔基体占 33.3%，质膜占 22.2%。

BlastW 研究结果表明，SR–LAAO 蛋白与其他已知鱼类的 LAAO 蛋白有很大的相似性。SR–LAAO 与 SSAP 和 AIP 有很高的相似性（71%），与 MPLAAO3、psLAAO 和 ZBLAAO 的相似性分别为 66%、64% 和 56%。基于多个蛋白质序列的比对，MEGA 4 构建了 LAAO 的系统发育树。结果表明，LAAO 家族分为 5 大类：爬行动物、鸟类、哺乳动物、硬骨鱼和腹足纲。SR–LAAO 与其他鱼类 LAAO 类似，属于硬骨鱼的一个大类群。

七、SR–LAAO 主要分布在黄斑蓝子鱼的脾、肾和鳃中

为了确定 SR–LAAO 蛋白在黄斑蓝子鱼组织中的位置，采用免疫组化方法，制备抗 APP IgG。结果表明，SR–LAAO 主要分布在黄斑蓝子鱼的脾、肾和鳃中，血液中有较低的染色。然而，在黄斑蓝子鱼的大脑、肝、心脏、肌肉或肠道中均未检测到。

在之前的研究中，已经证明了黄斑蓝子鱼血清对导致海鱼白斑病的重要纤毛虫原生动物——刺激隐核虫具有显著杀灭作用。在此，研究人员选择了不同的细菌种类和另外两种寄生虫来测试黄斑蓝子鱼血清是否对其他生物体有类似的作用。抑菌带试验结果表明，黄斑蓝子鱼血清对所测细菌均有较宽的抑菌谱，

其中包括溶藻弧菌和温和气单胞菌等水产养殖鱼类疾病的主要病原菌。虽然各黄斑蓝子鱼血清的抑菌活性不同，但随机抽取的 30 份黄斑蓝子鱼血清均具有抑菌活性，这是黄斑蓝子鱼血清的普遍特征。除了石斑鱼血清外，其他 11 种鱼类血清对所测细菌均无影响。至于石斑鱼血清，尽管它对这里测试的细菌具有更宽的抗菌谱，但无论是抑菌带直径还是最低抑菌浓度数据（数据未显示），均低于黄斑蓝子鱼血清。值得注意的是，扫描电子显微镜的结果证实，黄斑蓝子鱼血清加入后，金黄色葡萄球菌表面褶皱，也在大肠杆菌表面形成孔。这种差异可能归因于两种细菌膜结构的差异。研究人员知道，革兰氏阳性菌比革兰氏阴性菌有更厚的肽聚糖层，这可能是活性因子更容易发挥作用的原因。但是，这个假设还需要进一步的实验来证实。

此外，目前的结果还表明，黄斑蓝子鱼血清对本试验的另外两种寄生虫具有杀灭作用，这两种寄生虫都是引起鱼类或家畜疾病的病原体。此外，黄斑蓝子鱼血清也会导致这两种寄生虫的细胞破裂，这与刺激隐核虫的情况相同。这里测试的其他鱼血清，包括石斑鱼血清，对这两种寄生虫没有杀灭作用，这意味着它是黄斑蓝子鱼血清的一个明显特征。这些结果中提到的机制仍需进一步研究。然而，从这些结果可以推测，黄斑蓝子鱼血清对各种病原体具有独特、广泛的抗菌范围。然而，在实验样本获取的限制下，黄斑蓝子鱼血清是否对其他细菌、寄生虫甚至病毒也有杀灭作用仍是一个问题。进一步的研究正在考虑之中。然而，这是首次报道黄斑蓝子鱼血清对多种原生动物寄生虫具有广谱抗菌和杀灭作用。此外，这些结果为研究人员进一步研究黄斑蓝子鱼血清中存在的与细菌和寄生虫有关的生物活性因子提供了良好的基础。

抗菌蛋白和多肽在天然免疫中发挥关键作用，并从多种生物体中获得。这类先天免疫分子因其生物化学多样性，在抗病毒、抗菌、抗真菌和抗原生动物寄生虫，甚至抗肿瘤或伤口愈合作用等方面具有广泛的特异性，从而引起了广泛的研究兴趣。本研究通过一系列的超滤、反相高效液相色谱和 Native–PAGE 等方法，纯化出一种对革兰氏阳性菌和革兰氏阴性菌都具有抗菌活性的蛋白。凝胶重叠实验结果表明，该蛋白能单独抑制不同细菌的生长。因此，该蛋白可能通过防止细菌感染而在黄斑蓝子鱼的主要宿主防御反应中发挥重要作用，并可能在水产养殖中发挥作用。SDS–PAGE 分析表明，该蛋白分子量约为 62 kDa，Western blotting 分析表明，纯化的蛋白能与 APP 特异性抗体发生反应。Edman 直接降解结果表明，它与 APP 具有相同的 N– 末端序列。这说明纯化的蛋白与之前纯化的蛋白对刺激隐核虫具有相同的杀灭作用，是一种新的多功能蛋白。

本研究检测了该蛋白的 N– 末端和内部肽序列，并通过 cDNA 克隆确定了该蛋白的全长 mRNA 序列。本研究将推导出的 SR–LAAO 蛋白的一级结构与其他鱼类的 LAAO 蛋白的一级结构进行了比较。SR–LAAO 与许氏平鲉的 SSAP 和鲭鱼的 AIP 有很高的序列相似性（71%）。此外，与 MPLAAO3、psLAAO 和 ZBLAAO 的相似性分别为 66%、64% 和 56%，表明同一系统发育类群之间的同源性存在较大差异。此外，两个保守的折叠，二核苷酸结合基序包括二级结构的 b– 链 /a– 螺旋 /b– 链和在 His62–Glu90、Arg94–/101 二核苷酸结合基序之后不久发现的一个 GG 基序（R–x–G–G–R–x–x–T ThrS），这两个基序都是 LAAO 家族成员的鲜明特征，证实从黄斑蓝子鱼血清中提纯的抗菌蛋白为 LAAO。血清中 SR–LAAO 的存在可能是一种先天免疫因子，对病原体感染具有保护作用。SR–LAAO 在氨基酸残基 Asn393 处也有一个潜在的 N– 糖基化位点，与内脏细胞凋亡诱导蛋白（Asn392）的 N– 糖基化位点之一相似。SR–LAAO 的 N– 末端肽序列由丝氨酸残基开始，而不是蛋氨酸残基。核苷酸序列分析表明，SR–LAAO 是作为前体合成的，携带 45 个氨基酸的信号肽。大多数 LAAO 具有信号肽，并在翻译后进行处理。结构预测结果表明，SR–LAAO 是一种分泌型蛋白。根据这些结果，研究人员可以推测，蛋白质可能首先在细胞内合成，信号肽被切割成成熟的蛋白质，然后蛋白质可以组装成具有生物活性的形式，从而杀死感染鱼体的各种病原体。根据系统发育分析，LAAO 家族蛋白主要分为 5 个初级谱系，这里分离到的 SR–LAAO 与其他鱼类的 LAAO 相同，属于硬骨鱼。

以往的研究表明，LAAO 的生物活性是由 L– 氨基酸氧化产生的过氧化氢和 LAAO 与细菌细胞、病毒的结合引起的，因为过氧化氢酶抑制了 LAAO 的抗菌活性。释放出的过氧化氢对细胞新陈代谢有多种影响，如诱导细胞凋亡，以及杀菌和抑菌作用。虽然 H_2O_2 的抗菌作用的具体方式还不完全清楚，但 H_2O_2 可以诱导靶细胞的氧化应激，引发细胞膜和细胞质的破坏，从而导致细胞死亡。

以蝮蛇为例，研究表明，LAAO 能够与细菌表面结合，并在局部区域产生高浓度的 H_2O_2。这使它能够用少量的蛋白质抑制细菌生长。然而，对海兔中发现的一种 LAAO 的研究表明，这种杀菌活性是由于 a- 酮 -e- 氨基己酸与 H_2O_2 反应的不稳定中间产物。尽管如此，考虑到它们的结构和物理化学特性，有令人信服的证据表明，微生物杀灭机制中的一个常见步骤是它们与带负电的细胞壁和 / 或膜的静电相互作用。对于原生动物寄生虫，LAAO 的活性似乎也是基于静电相互作用，就像与细菌一样，因为与哺乳动物细胞相比，原生动物的细胞膜中有更高比例的阴离子磷脂。然而，关于 LAAO 如何与细胞相互作用的详细信息仍不清楚。SR–LAAO 如何识别和区分细菌或原生动物寄生虫仍有待阐明。提纯的 SR–LAAO 对各种病原体的作用机制是否与以前报道的相同，还需要进一步澄清。黄斑蓝子鱼血清中的 SR–LAAO 可以部分解释为什么这种特殊的血清可以导致细菌和寄生虫的细胞膜形成孔洞和随后的细胞破裂，尽管研究人员不能假设血清中存在其他可能导致同样结果的蛋白质。这一假设可以通过抗体竞争抑制剂实验来验证。

目前的免疫组织化学结果表明，SR–LAAO 主要分布在黄斑蓝子鱼的脾、肾和鳃中，血液中有少量染色。虽然研究人员不能排除黄斑蓝子鱼血清中存在其他抗菌因素，但研究结果有助于更好地理解黄斑蓝子鱼血清对各种病原体具有抗菌作用的原因。LAAO 的定位已经在许多关于各种鱼类的论文中得到了报道，但不同物种间仍存在一定差异。结果表明，鳃中除脾和肾外，还含有 SR–LAAO，与 Kitani 等的研究结果一致。鳃是一种特殊的皮肤组织，是鱼对外界环境的第一道屏障，也是鱼的主要呼吸器官，并通过分泌黏液层起到疾病防御的额外作用。黏液层包括抗菌蛋白，因为它经常暴露在外部环境中的细菌中。在该位点表达的 SR–LAAO 基因可以部分解释黄斑蓝子鱼对被刺激隐核虫感染具有较强抵抗力的原因。在研究过程中，已经确定了表达 SR–LAAO 的位置，但目前还不清楚是哪种类型的细胞表达了这种蛋白。为了更好地理解 SR–LAAO 在黄斑蓝子鱼中的生理作用，还需要进一步的研究来阐明 LAAO 的产生细胞。这种蛋白的存在使研究人员推测它们可能是一种全身性的抗菌剂，用来抵抗微生物。此外，重要的是，研究中使用的鱼类样本可能感染了病原菌或寄生虫，因为它们在海上的网箱中养殖了至少两个月。进一步研究 SR-LAAO 基因在黄斑蓝子鱼中的表达，对于弄清 SR-LAAO 是否是内源性的很有必要。

黄斑蓝子鱼血清对多种病原体具有抗菌活性，包括广谱细菌和一些原生动物寄生虫。本研究分离到一种新的 L- 氨基酸氧化酶，发现其对多种病原菌具有抗菌活性。研究结果表明，SR-LAAO 是一种潜在的天然抗生素候选物质，可以作为细菌性、白斑病和长谷病的替代品或常规药物的补充，用于进一步的研究和潜在的治疗。了解 SR-LAAO 的免疫防御机制有助于制定更好的养鱼疾病管理策略。下一步的工作将是提高重组 SR-LAAO 的生物活性，并对其抗菌机制进行研究。

八、小结

黄斑蓝子鱼的血清此前已被证实对刺激隐核虫具有杀灭作用，刺激隐核虫是一种重要的海洋纤毛虫原生动物，会导致一种被称为"海水白点病"的疾病。在此，研究人员发现黄斑蓝子鱼血清对革兰氏阳性菌和革兰氏阴性菌都有抗菌活性。扫描电镜结果显示，用黄斑蓝子鱼血清处理后，金黄色葡萄球菌表面起皱，大肠杆菌表面形成气孔。黄斑蓝子鱼血清在体外对多子小瓜虫有较强的杀灭作用，与对刺激隐核虫的杀灭作用相似。黄斑蓝子鱼血清在体外对布氏锥虫也有较强的杀灭作用，1 h 内最小杀锥虫效价（MTT）仅为 1.5%。激光共聚焦荧光显微镜观察结果表明，黄斑蓝子鱼血清也能诱导布氏锥虫细胞破裂。通过超滤、反相高效液相色谱（RP-HPLC）和天然聚丙烯酰胺凝胶电泳（Native-PAGE）从黄斑蓝子鱼血清中分离到一种新的抗菌蛋白（SR-LAAO）。凝胶重叠实验结果表明，该蛋白能单独抑制金黄色葡萄球菌和大肠杆菌的生长。Western blotting 和 Edman 自动降解实验结果表明，该蛋白对刺激隐核虫有较好的杀灭作用，与文献报道的抗寄生虫蛋白（APP）相同。克隆了 SR-LAAO 的全长 cDNA 序列。BLAST 研究表明，SR-LAAO 的 cDNA 与一些 L- 氨基酸氧化酶（LAAO）有很高的相似性，并且具有 LAAO 中存在的两个保守基序。综合以上结果，证明该蛋白对某些病原生物具有抗菌活性，是在黄斑蓝子鱼血清中发现的一种新的 LAAO 蛋白。免疫组织化学分析显示 SR-LAAO 在黄斑蓝子鱼的脾、肾、鳃和血液中有组织特异性表达和定位，而在其他组织中未见表达。这些结果表明，该蛋白可能对宿主的非特异性免疫防御机制有相当大的贡献，帮助黄斑蓝子鱼抵抗微生物感染，并有可能用于未来的药物开发。

第三节　黄斑蓝子鱼血清中抗刺激隐核虫 LAAO 的发现

先天免疫系统是无脊椎动物唯一的防御机制，也是脊椎动物的基本防御系统。由于抗原特异性免疫在低温等次优环境中受到限制，对病原体入侵的关键保护很大程度上依赖于天然防御。抗菌因子是先天免疫最早的分子效应因子之一，在不同物种的宿主防御中具有重要意义。这些因子显示出强大的、典型的广谱抗菌活性，越来越多地被认为在防御病原体入侵方面发挥着关键作用。人们对哺乳动物、两栖动物和无脊椎动物进行了广泛的研究，但对鱼类的关注很少。对硬骨鱼来说，尽管在一些鱼类的黏液或皮肤中发现了多种抗菌因子，并且似乎与宿主防御密切相关，但在鱼血清中却鲜有报道。

刺激隐核虫是一种全毛性海洋纤毛虫原生动物，会引起一种被称为"海洋白斑病"的疾病。这种寄生虫引起了全世界的关注，因为它可能对海水养殖业造成损害。除了被认为具有抗药性的板鳃动物外，刺激隐核虫在其宿主选择上几乎是非特异性的。水族鱼、野生鱼和养殖物种均被列入刺激隐核虫的广泛宿主名单。Wilkie 和 Gordin 记录了 93 种在水族馆感染了刺激隐核虫的海鱼。在自然界中，不同种类的鱼似乎对被刺激隐核虫感染的易感程度是不同的。但是，研究人员对华南主要海水养殖鱼类在实验水族馆条件下刺激隐核虫的易感程度了解仍然不完整。

黄斑蓝子鱼是我国东南部地区重要且常见的养殖海鱼品种。在研究中，研究人员发现黄斑蓝子鱼对刺激隐核虫感染具有抵抗力。本研究用固定化试验、光学显微镜、荧光显微镜和扫描电镜观察了黄斑蓝子鱼对刺激隐核虫的先天免疫反应。采用盐析、阳离子交换层析和反相高效液相色谱（RP–HPLC）两步法从黄斑蓝子鱼血清中分离纯化了一种新的抗寄生虫蛋白（APP），并证明了其对刺激隐核虫的杀灭作用。激光共聚焦荧光显微镜证实 APP 的作用部位主要在胞膜和胞核上，这与光镜、荧光显微镜和扫描电镜的结果一致。这些结果表明，该蛋白可能在识别刺激隐核虫方面发挥重要作用，并可能解释了为什么黄斑蓝子鱼对刺激隐核虫更具抵抗力。

一、8 种鱼类的感染范围和感染强度

在这项研究中发现，刺激隐核虫感染了 8 种人工养殖的鱼。不同物种的感染强度不同。石斑鱼是感染最严重的鱼类。黄斑蓝子鱼对刺激隐核虫的抵抗力最强，感染强度为（0.92 ± 0.97），显著低于其他鱼类（$p < 0.05$）。

二、不同鱼血清对刺激隐核虫作用的观察

除黄斑蓝子鱼外，研究所检测的鱼血清均未显示出对刺激隐核虫的固定作用。结果表明，黄斑蓝子鱼的固定化效价为（44.51 ± 22.98），在加入黄斑蓝子鱼血清后，刺激隐核虫游动迅速减慢，纤毛最终脱落。在血清中孵育的细胞变圆，它们的膜最终裂解在细胞的不同位置，细胞质内容物从细胞膜中渗出。荧光显微镜观察结果显示，加入黄斑蓝子鱼血清后，大核逐渐肿胀、破裂，最后核物质外流。尽管如此，微核仍然完好无损。此外，正是大核肿胀导致细胞膜被动破裂和细胞质外流。刺激隐核虫突然固定后迅速溶解和解体通常发生在接触黄斑蓝子鱼血清的前 5 min 内。然而，仅在免疫后的石斑鱼血清存在的底部观察到大量固定的幼虫。幼虫死亡通常表现为丧失游动能力、纤毛跳动受限、细胞呈圆形并聚集，并从寄生虫体内的分泌细胞器（黏液囊）脱落大量的黏液。因为它们的纤毛相互黏在一起，所以幼虫聚集在一起。幼虫与其他鱼类血清或生理盐水孵育可存活 12 h 以上。

三、黄斑蓝子鱼血清对刺激隐核虫滋养体的影响

在滋养体中加入黄斑蓝子鱼血清后，滋养体游动速度逐渐减慢直至停止。在加入血清的前 30 min 内，滋养体溶解，细胞质内容物泄漏。来自其他 7 种鱼血清的对照组没有固定或杀死滋养体。

四、抗寄生虫因子的纯化

通过盐析、阳离子交换层析和 RP−HPLC 层析等中试，建立了抗寄生虫因子的纯化工艺。从黄斑蓝子鱼血清 30%~40% 硫酸铵沉淀组分中检测到抗寄生虫因子。将固定化实验确定的高活性组分混合后，用阳离子交换层析进一步纯化。固定化实验结果表明，只有最后一个峰部分对刺激隐核虫具有抗寄生活性。对活性组分进行浓缩，并用 RP−HPLC 进一步纯化。仅在第一个峰检测到抗寄生虫活性。活性组分被浓缩，最终通过 RP−HPLC 的第二步纯化，获得单一的活性峰。

五、蛋白质的分子量

当这一单一组分（保留时间为 2~3 min）在非还原条件下用 Native−PAGE 12% 分离凝胶分离时，在凝胶上只有一条带，其迁移的分子量为 300 e~400 kDa。然而，在还原条件下，在 SDS−PAGE 中观察到单一条带，表明其均一。对还原蛋白的 MALDI−TOF−TOF 质谱分析得到分子量为 61 739.871 Da。61 739.871 Da 和 30 657.973 Da 的峰值对应于双电荷（$z=2$）阳离子形式。

六、该蛋白在刺激隐核虫表面的作用部位

激光共聚焦荧光显微镜观察结果表明，APP 主要分布在胞核和胞膜上。随着核物质的大核破裂和外流，蛋白质以完整的方式扩散。然而，未经 APP 处理的幼虫仍保持正常形状。

七、N 末端氨基酸序列测定及同源性分析

N 末端部分氨基酸测序得到以下序列：SSVEKNLAACLRDND。BLAST 同源性搜索显示，纯化的多肽的前 15 个氨基酸与 NCBI 数据库中的任何蛋白质都不是同源的，这表明研究人员在这里发现了一个在黄斑蓝子鱼中的未知蛋白质。

除了被认为对感染具有抵抗力的板鳃动物外，刺激隐核虫在宿主选择上几乎是非特异性的，尽管不同的鱼类对刺激隐核虫感染的敏感性似乎不同。在目前对 8 种海水养殖鱼类的调查中，尽管强度不同，从分类学的角度来看，宿主鱼被证实感染了刺激隐核虫，这与之前的发现是一致的。这些感染实验结果表明，斜带石斑鱼对刺激隐核虫的感染最为敏感。相反，黄斑蓝子鱼对刺激隐核虫的抵抗力最强。与研究人员的结果相反，Luo 等的一项调查发现，10 种主要海水养殖鱼类对刺激隐核虫的感染强度存在差异，其中布氏锥虫的感染强度最大。然而，先前研究中调查的宿主鱼是在自然条件下进行检测的，而不是在研究人员的实验室中研究。这突出表明，在野外调查中，自然条件中的许多因素可能会影响结果。在圈养中，这种现象可能是由于它们对监禁、处理和环境条件的适应性不同。

黄斑蓝子鱼血清固定刺激隐核虫抗原的过程不同于含刺激隐核虫特异性抗体的免疫阳性血清。光镜和扫描电镜观察结果表明，黄斑蓝子鱼血清仅在作用 5 min 内即可诱导纤毛脱落，并引起细胞膜破裂。相反，石斑鱼免疫血清仅在体外固定刺激隐核虫，并诱导纤毛虫黏附在一起而不脱落或引起细胞膜破裂。特异性抗体主要负责固定化。然而，凝集素等非特异性因子也可能在固定化过程中发挥作用。该抗菌多肽在体外对刺激隐核虫有较强的杀灭作用，在 50 mg/mL^{-1}浓度下，15 min 内杀灭大部分致病菌。在研究中，研究人员分离和纯化了一个分子量为 300~400 kDa 的蛋白质，该蛋白质能够固定和破坏刺激隐核虫的幼虫和滋养体。因此，该纯化蛋白可能是黄斑蓝子鱼的先天因子，可诱导刺激隐核虫膜的裂解。荧光显微镜观察结果显示，大核肿胀是导致细胞膜被动破裂和胞质外流的主要原因。LCFM 观察最有趣的发现是 APP 主要作用于细胞的细胞核和细胞膜，这可能解释了为什么纤毛会脱落和大核肿胀。但研究人员仍然不知

道这种蛋白是如何导致纤毛脱落并进入细胞破坏大核的。因此，需要进一步的研究来阐明 APP 对此的作用机制。同样，该蛋白的生物学特性（如酶活性）仍需进一步研究。然而，根据 FM 和 CFM 的观察结果，研究人员可以推测，当黄斑蓝子鱼血清和幼虫结合时，血清中的 APP 首先与细胞膜接触，导致纤毛脱落，然后蛋白质以未知的方式进入细胞，最后定位于幼虫的细胞核，通过改变大核的渗透压而引起大核肿胀，最终导致大核破裂。同时，大核肿胀导致细胞膜被动破裂，细胞最终破裂。

部分氨基酸序列的同源性分析表明，该蛋白是黄斑蓝子鱼血清中的一个新因子。SDS-PAGE 分析表明，该蛋白是由多个相对分子质量约为 62 kDa 的单体组成的聚合蛋白。亚基很可能通过一个或多个二硫键结合，因为在还原条件下在 SDS-PAGE 中只观察到一条带。MALDI-TOF-TOF 质谱分析结果表明，该 APP 为双电荷（$z=2$）阳离子形式。阳离子特性可能使蛋白质与靶细胞的阴离子表面结合，促进与细胞膜的进一步相互作用。目前，正在进行的蛋白质组学和基因组学研究主要集中在确定 APP 的完整基因序列、合成和储存位点，以确定 APP 的调控机制。其他研究将集中在这种新蛋白是否对其他寄生虫或病原微生物有影响。血清中抗菌蛋白的持续表征将进一步了解这些鱼类体液防御机制中抗菌成分的组成和功能，并可能导致治疗微生物感染的新化合物的开发。

光镜观察结果表明，黄斑蓝子鱼血清可诱导滋养膜破裂和内容物外溢。因此，研究人员可以假设，即使幼虫成功地寄生在寄主身上，它也不太可能在随后的发育阶段存活下来。然而，这一假设还需要进一步验证。然而，研究人员首次证明了黄斑蓝子鱼血清对刺激隐核虫的幼虫和滋养体有杀灭作用，同时黄斑蓝子鱼的固定滴度为（44.51 ± 22.98），不同于其他种类的鱼类。这些结果可以解释为什么这种鱼对刺激隐核虫更有抵抗力。

八、小结

采用感染实验和固定化实验方法，对华南养殖的 8 种海鱼进行了感染刺激隐核虫敏感性试验。除黄斑蓝子鱼对刺激隐核虫表现出抵抗力外，其余鱼种（分别代表 6 个科）均感染了刺激隐核虫。黄斑蓝子鱼的被感染强度（0.92 ± 0.97，$p < 0.05$）显著低于其他 7 种鱼，而黄斑蓝子鱼血清的固定化滴度（44.51 ± 22.98，$p < 0.05$）显著高于其他 7 种鱼。此外，黄斑蓝子鱼血清在体外对刺激隐核虫有较强的杀灭作用。光镜、扫描电镜和荧光显微镜观察证实，黄斑蓝子鱼血清可引起刺激隐核虫大核肿胀和破裂，导致纤毛脱落、细胞膜破裂。黄斑蓝子鱼血清也可引起滋养体细胞膜破裂和内容物外流。研究采用盐析、阳离子交换层析和两步反相高效液相色谱（RP–HPLC）的实验方法，从黄斑蓝子鱼血清中分离纯化出一种新的抗寄生蛋白（APP）。SDS–PAGE 分析表明，APP 是一种 N 端氨基酸序列为 SSVEKNLAACLRDND 的均一多聚体蛋白。用基质辅助激光解吸电离串联飞行时间质谱仪（MALDI–TOF–TOF–MS）测定其单体分子量为 61 739.87 Da。同源性分析结果表明，该蛋白是新发现的一种黄斑蓝子鱼血清中的功能蛋白。激光共聚焦荧光显微镜证实 APP 的作用部位主要在胞膜和胞核上，这与光镜、荧光显微镜和扫描电镜的结果一致。这些发现表明，这种蛋白可能对黄斑蓝子鱼抵抗微生物感染有相当大的贡献。

第四节　转录组分析黄斑蓝子鱼抗刺激隐核虫感染的分子免疫机制

刺激隐核虫是一种有纤毛的专性寄生虫，可引起热带和亚热带海洋硬骨鱼的海水白点病。这种寄生虫以宿主的皮肤、鳍、鳃和角膜为目标，在那里形成大量的小白点。这种感染严重损害皮肤和鳃的生理功能，导致鱼类的死亡率很高。刺激隐核虫在寄主选择上是非特异性的，可感染至少 100 种硬骨鱼。然而，并不是所有的物种都对刺激隐核虫敏感，这表明有些物种对刺激隐核虫具有抵抗力。

黄斑蓝子鱼是中国东南部地区普遍养殖的一种海生硬骨鱼。在刺激隐核虫暴发期间的一项实地调查发现，黄斑蓝子鱼被刺激隐核虫感染的机率明显较低，即使感染了刺激隐核虫，也没有表现出任何海水白点病的症状。与此同时，在同一海域的暴发季节，其他鱼类会死于刺激隐核虫病。此外，Wang 等对我国南方养殖的 6 个不同科的 8 种海水鱼的敏感性进行了检测，发现黄斑蓝子鱼对刺激隐核虫的敏感性明显低于研究中的其他鱼类。通过人工感染试验，研究人员发现在被刺激隐核虫感染 6 h 后，黄斑蓝子鱼上的寄生虫数量明显减少，被寄生期也远短于其他被刺激隐核虫寄生期持续 2 d 以上的物种。与其他鱼种相比，黄斑蓝子鱼身上的包囊也更小，这意味着黄斑蓝子鱼进化出了对被刺激隐核虫感染的抵抗力。研究人员之前研究发现黄斑蓝子鱼血清能在体外清除刺激隐核虫，并从血清中分离纯化出一种新的抗寄生虫蛋白 L-氨基酸氧化酶（LAAO）。然而，其他分子免疫机制仍不清楚。

大量研究表明，先天免疫和获得性免疫在对抗刺激隐核虫感染中发挥作用。然而，这些研究是在易受刺激隐核虫感染的宿主上进行的，如斜带石斑鱼、金鲳鱼和大黄鱼。研究黄斑蓝子鱼这一对刺激隐核虫具有抵抗力的物种的免疫应答，将有助于研究人员更好地了解黄斑蓝子鱼自身的抵抗力机制。为了实现这一点，研究人员对感染和未感染的黄斑蓝子鱼皮肤进行了比较转录组分析，并确定了与刺激隐核虫免疫反应相关的基因。

一、鱼体寄生虫数量的变化

0 h 时，黄斑蓝子鱼的相对感染强度（RII）为（3.25 ± 0.35）。RII 在 6 h 开始下降，12 h 显著降低，为（1.05 ± 0.47）（$P < 0.05$）。RII 继续下降，直到 96 h 时达到约 0。

二、mRNA 文库构建

为了鉴定黄斑蓝子鱼对刺激隐核虫的免疫应答相关基因，构建了 6 个 cDNA

文库，其中包括 3 个感染样本（IN1、IN2 和 IN3）和 3 个对照样本（C1、C2 和 C3），总共产生了 241 118 224 个原始读数，并将其存入 NCBI（登录号为 SRP158990）。每个文库的质量 Q20 和 Q30 的平均值分别高于 92.85% 和 96.93%，GC 含量平均值为 53.96%。在过滤低质量读数之后，获得了 238 个、504 个、124 个 clean reads，并组装成 258 869 个单基因，平均长度为 621 bp，N50 为 833 bp。

以 E 值 $<10^{-5}$ 的 BLASTP 比对为截止点，将 unigenes 与 NR、GO、COG、Swiss–Prot 和 KEGG 数据库进行比对，共标注了 100 400 个（38.78%）unigenes。其中，66 877 个（25.83%）unigenes 用 SWUS–PROT 标注，95 775 个（36.98%）unigenes 用 NCBI–NR 标注。GO 共标注了 76 612 个基因（29.59%），将其分为生物过程、细胞成分和分子功能 3 大类 59 个亚类。COG 数据库鉴定出 47 283 个（18.26%）带注释的 unigenes，它们聚为 26 个类别。利用 KEGG 数据库对 400 065 条（15.47%）的 unigenes 进行了注释，将其分为 43 条 KEGG 途径。

三、DEGs GO 富集和 KEGG 途径分析

比较感染组和对照组，当表达量倍数变化 >2 时，将基因归类为 DEGs（$P < 0.05$）。在火山图中绘制了 DEGs 的分布趋势。研究人员检测到 418 个 DEGs，其中 336 个（80.4%）在感染组上调，82 个（19.6%）在感染组下调。

使用 GO 和 KEGG 分析 DEGs，评价其生物学和功能作用。GO 富集分析将基因的作用分类为分子功能、细胞成分和生物过程。分子功能类中对应的 DEGs 基因大部分参与结合和催化活性，细胞成分类中涉及膜和细胞器功能，生物过程类中涉及代谢过程。

研究人员将转录组与 KEGG 数据库进行比对，以更好地预测 DEGs 的功能。DEGs 主要富集于感染性疾病、信号转导和免疫调节通路。最富集的途径是单纯疱疹病毒感染和 nod 样受体信号通路，其中 8 个 DEGs 在这两条通路中富集。其他富集的途径是 toll 样受体（TLR）信号通路，包括麻疹、丙型肝炎、肌萎缩侧索硬化、谷氨酸能突触、亨廷顿病、催乳素信号通路、Th17 细胞分化、抗原处理和提呈。

四、免疫相关 DEGs 的鉴定与聚类

重点关注 GO 和 KEGG 分析中被注释为免疫相关的 DEGs，以更好地理解黄斑蓝子鱼对刺激隐核虫的免疫反应。研究人员确定了 32 个与先天免疫和特异性免疫相关的代表性基因，进一步将其分为先天免疫分子（6DEGs）、补体激活（2DEGs）、趋化因子及趋化因子受体（4DEGs）、细胞黏附与迁移（5DEGs）、NOD 样受体 /TLR 信号通路（9DEGs）、T/B 细胞活化与增殖（6DEGs）、抗原加工与提呈（2DEGs）7 个亚型。在研究中，这些免疫相关的 DEGs 在 12 h 时表达均显著上调。

五、转录组中 DEGs 的验证

通过比较感染了刺激隐核虫的黄斑蓝子鱼和未处理的对照组的皮肤，鉴定出 418 个 DEGs，表明宿主在感染刺激隐核虫时经历了基因表达的剧烈变化。为了进一步验证 RNA 测序数据的结果，研究人员选择了 9 个免疫 DEGs 进行 qRT–PCR 分析。qRT–PCR 的表达模式与 RNA–seq 数据一致，统计分析显示，两种分析之间的相关性 $r = 0.943$，验证了 RNA–seq 数据的可重复性。

之前的一些研究表明，黄斑蓝子鱼比其他硬骨鱼更不容易感染刺激隐核虫。刺激隐核虫在黄斑蓝子鱼上生长不好，大多数滋养体在早期发育阶段离开宿主或长成小包囊，表明黄斑蓝子鱼阻碍了刺激隐核虫的发育。研究人员还发现，在寄生早期，黄斑蓝子鱼身上的寄生虫数量显著下降，因此，黄斑蓝子鱼皮肤上可能存在先天免疫因子，在感染早期阻止寄生虫生长。硬骨鱼皮肤是抵抗病原菌的重要生理屏障，也是硬骨鱼最大的免疫活性黏膜器官。研究人员生成了受感染组和未受感染组黄斑蓝子鱼皮肤的转录组，并在感染刺激隐核虫的样本中识别出 418 个 DEGs。其中上调 336 个（80.4%），下调 82 个（19.6%）。值得注意的是，许多 DEGs 进入了参与免疫系统的 GO 和 KEGG 通路，表明刺激隐核虫感染触发了黄斑蓝子鱼皮肤细胞的免疫反应。同样，易感寄主也会触发免疫反应 。但黄斑蓝子鱼体内的 DEGs 含量明显低于斜带石斑鱼。虽然采样时间

和种类不同，但可以明显看出，在低易感宿主黄斑蓝子鱼中上调的基因数量明显多于下调的基因数量。此外，之前证实的抗寄生虫蛋白 LAAO 在黄斑蓝子鱼中上调了 211.7 倍，而在易感宿主的其他转录组中未发现。

当病原体侵入宿主皮肤时，病原体相关分子模式（PAMPs）首先通过模式识别受体（PRRs）被激活。PAMPs 的识别导致信号通路的激活，这些信号通路有助于根除病原体。攻击病原体的机制包括吞噬、激活补体级联、产生炎症细胞因子、分泌干扰素和抗菌肽，以及刺激适应性免疫系统。研究发现，NOD 样受体和 TLR 信号通路的组成部分，包括 IRF3、IRF7、STAT1、STAT2、NLRC3和 NLRC5，在感染样本的转录组中显著上调。IRF3 和 IRF7 调节哺乳动物的 I型干扰素（IFN）反应。干扰素 –γ 感染可诱导抗原提呈，增强呼吸暴发活性、吞噬反应和促炎基因表达；在研究中，研究人员发现干扰素 –γ 在受感染的黄斑蓝子鱼皮肤中的表达增加。此外，促炎细胞因子 IL–1β 的表达也明显上调。综上所述，这些结果表明，上述信号通路可能被激活，导致在感染样本中分泌针对刺激隐核虫的细胞因子。

在消除病原体的过程中，宿主的先天免疫分子首先在对病原体的抵抗力中起着核心作用。研究人员数据集中的 DEGs 包括先天免疫基因，如 LAAO、LZMg 和抗菌肽 NK–Lysin–like（AMP–NK），所有这些基因都显著上调。LAAO是一种经典的黄素酶，可以作为鱼类上皮表面的抗菌蛋白。在此之前，Wang 等发现，从黄斑蓝子鱼中提纯的 LAAO 可以通过裂解刺激隐核虫的膜在体外消除刺激隐核虫。研究人员发现，LAAO 在皮肤中 12 h 时显著上调，这与之前的研究发现黄斑蓝子鱼鳃和脾在 6~24 h 时 LAAO 表达上调是一致的。溶菌酶和抗菌肽是天然免疫系统抵御病原体的重要组成部分。在易受刺激隐核虫感染的物种中，溶菌酶或抗菌肽对于防止寄生虫感染可能是重要的。刺激隐核虫感染后，斜纹石斑鱼和大黄鱼血液中溶菌酶活性显著升高。类似地，Zheng 等也在大黄鱼肝中发现 5 个表达上调的抗菌肽基因。研究结果显示，LZMg 和 AMP–NK 可能参与了黄斑蓝子鱼对被刺激隐核虫感染的抵抗力。

补体系统、趋化因子和趋化因子受体在保护宿主免受刺激隐核虫感染方面起着至关重要的作用。补体系统调节先天免疫和后天免疫。C4 是补体激活的早期成分，C7 在补体激活的终末效应中起作用。在黄斑蓝子鱼中，研究人员发现 C4 和 C7 在感染样本中均上调。趋化因子招募免疫细胞迁移到损伤或感染部位，并调节炎症反应。在刺激隐核虫感染的其他宿主中，趋化因子和趋化因子受体表达上调，发现 3 种趋化因子（IL8，CXCL10 和 CXCL20）和一种趋化因子受体（CXCR1）在感染样本中显著上调。IL8 是一种重要的趋化因子，参与白细胞的趋化和活化。当鱼被寄生虫感染时，中性粒细胞通常被招募到局部感染部位。IL8 作为一种趋化剂，通过与受体 CXCR1 和 CXCR2 结合来激活中性粒细胞。发现 IL8 和 CXCR1 在感染样本中显著上调，这些结果表明中性粒细胞可能参与了黄斑蓝子鱼对刺激隐核虫感染的防御。

虽然大多数刺激隐核虫在寄生早期被黄斑蓝子鱼消灭，但在研究数据中发现了与抗原提呈、T/B 细胞活化和增殖相关的 DEGs。感染组织中 MHC Ⅰ、MHC Ⅱ、TAP1、TAP2、Ly9、CD83、CD200 和 CD276 的表达明显上调。MHC 分子和 CD83 表达在抗原提呈细胞表面，它们负责将抗原提呈给 T 细胞，以及调节特定的 B 细胞和 T 细胞反应。结果表明，除了先天免疫反应外，刺激隐核虫感染还会引起特异性免疫反应。

通过转录分析以确定参与黄斑蓝子鱼对刺激隐核虫免疫反应的 DEGs。黄斑蓝子鱼被感染刺激隐核虫 12 h 后皮肤中检出 418 个 DEGs。通过比较与免疫反应相关的 DEGs，研究人员发现黄斑蓝子鱼激活了先天免疫分子、补体和凝血级联通路、趋化因子信号通路、nod 样受体和 TLR 信号通路。转录组还显示，获得性免疫在黄斑蓝子鱼对刺激隐核虫感染的反应中发挥了作用，研究人员观察到在感染样本中参与抗原加工和呈递以及 T/B 细胞受体信号通路的基因上调。综上所述，黄斑蓝子鱼被刺激隐核虫感染后主要依赖于先天免疫，获得性免疫进一步增强了黄斑蓝子鱼对寄生虫的抵抗力。

六、小结

黄斑蓝子鱼对刺激隐核虫具有抗性。黄斑蓝子鱼 L-氨基酸氧化酶（LAAO）在体外可杀死刺激隐核虫，但其他免疫防御机制尚不清楚。在这里，研究人员生成了黄斑蓝子鱼被刺激隐核虫感染 12 h 后皮肤的转录组。获得了 238 504 124 个 clean reads 的转录本，组装成 258 869 个单基因，平均长度为 621 bp，N50 为 833 bp。其中，在刺激隐核虫感染和对照条件下，研究人员获得了 418 个黄斑蓝子鱼皮肤差异表达基因（DEGs），其中 336 个基因显著上调，82 个基因显著下调。通过 GO 和 KEGG 分析，获得了 7 个免疫相关类别，32 个差异表达的免疫基因。DEGs 包括天然免疫分子，如 LAAO、抗菌肽、溶菌酶 g，以及补体成分、趋化因子和趋化因子受体、NOD 样受体 /Toll 样受体信号通路分子、抗原处理和 T/B 细胞活化和增殖分子。研究人员利用实时定量 PCR 进一步验证了 9 个免疫相关 DEGs 的表达结果。这项研究为对刺激隐核虫具有抵抗力的宿主的早期免疫反应提供了新的见解。

第五节　毕赤酵母表达重组黄斑蓝子鱼 L– 氨基酸氧化酶的抗菌作用分析

在之前的研究中，黄斑蓝子鱼对刺激隐核虫的感染表现出抵抗力。通过超滤、反相高效液相色谱（RP–HPLC）和天然聚丙烯酰胺凝胶电泳（PAGE），从黄斑蓝子鱼血清中分离到一种新的 L– 氨基酸氧化酶（SR–LAAO），它对革兰氏阳性菌和革兰氏阴性菌均有抗菌活性，对 3 种寄生虫（刺激隐核虫、布鲁氏锥虫和多子小瓜虫）有致死作用。在获得 SR–LAAO 的全长 cDNA 序列后，研究人员发现，由原核表达系统表达的重组 SR–LAAO（rSR–LAAO）对刺激隐核虫感染也表现出抵抗力，但没有观察到 rSR–LAAO 的抗菌活性。研究人员认为，rSR–LAAO 的不完全生物学功能可能是由于原核表达系统翻译后修饰不足所致。研究人员尝试利用酵母真核表达系统获得 rSR–LAAO，并检测 rSR–LAAO 是否具有抗菌效果。

黄素蛋白 LAAO 是一种与 FAD 结合的糖蛋白，具有重要的作用，包括抗菌活性、诱导细胞凋亡、抑制血小板聚集和抗 HIV 活性。在一些鱼种中发现了

LAAO，包括黄斑蓝子鱼的血清和许氏平鲉的血清，棘头床杜父鱼和星斑川鲽的皮肤黏液。这些鱼的 LAAO 尚未报道对酵母有抗真菌活性。下面利用酵母表达系统的优点，尝试在毕赤酵母中表达基因工程 rSR–LAAO。结果将表明 rSR–LAAO 是否是一种合适的候选抗生素，用于进一步的研究，以及作为一种替代或常规治疗的细菌疾病治疗剂的潜在应用。

一、rSR–LAAO 在毕赤酵母中的表达

在 30℃培养 2d 后，在含有 0.3 g/mL Zeocin™的 YPD 琼脂平板上出现了几个具有 Zeocin™抗性的转化子。用 SacI 线性化的 pPICZαA–SR–LAAO 进行转化，通过与转化的酵母基因组 DNA 同源，有利于其插入酵母基因组。基因组 DNA 的 PCR 分析表明，编码 SR–LAAO 的 DNA 已整合，pPICZαA 空质粒对照未见条带。

用 0.5%（v/v）甲醇诱导 72 h 后，用 SDS–PAGE（12%（w/v）聚丙烯酰胺分离凝胶和 5%（w/v）聚丙烯酰胺堆积凝胶对毕赤酵母 GS115、GS115/pPICZαA 和 GS115/pPICZαA–SR–LAAO 的浓缩上清液进行分析。用抗 rSR–LAAO 的小鼠多克隆抗体作为 Western blotting 的特异性抗体，结果表明，只有整合了 SR–LAAO 基因的巴斯德毕赤酵母粗产物在 72 kDa 处有阳性信号，与 SR–LAAO 的分子量相同。

二、rSR–LAAO 的抗菌活性分析

用 0.5%（v/v）甲醇诱导阳性重组子表达 72 h 后，添加 70% 饱和度的硫酸铵诱导表达上清液的活性产物含量最高。抑菌圈试验表明，rSR–LAAO 粗产物对革兰氏阳性菌和革兰氏阴性菌均有抑菌活性。粗品 rSR–LAAO 对革兰氏阳性菌中的金黄色葡萄球菌和无乳葡萄球菌的平均抑菌圈直径分别为（1.040 ± 0.045）cm 和（1.209 ± 0.085）cm。对革兰氏阴性菌中的温和气单胞菌、大肠杆菌、溶藻弧菌、霍乱弧菌、美人鱼发光杆菌的平均抑菌圈直径分别为

（ 1.291 ± 0.089 ）cm、（ 0.943 ± 0.061 ）cm、（ 0.756 ± 0.057 ）cm、（ 0.834 ± 0.023 ）cm 和（ 1.211 ± 0.026 ）cm。在革兰氏阳性菌中，粗制 rSR–LAAO 对无乳链球菌的抑制率最大。在革兰氏阴性菌中，粗制 rSR–LAAO 对温和气单胞菌的抑制率最大。液体抑菌实验表明，rSR–LAAO 粗产物对无乳链球菌和温和气单胞菌均有较强的抑制作用，抑菌活性可持续 24 h；A600 测定表明，rSR–LAAO 粗产物对无乳链球菌和温和气单胞菌均有较强的抑菌活性。在相同蛋白质浓度下，相对抑制率可达 50%。

三、粗制 rSR–LAAO 对细菌作用的扫描电镜观察

温和气单胞菌和无乳链球菌经 rSR–LAAO 处理 60 min 后，扫描电镜显示细菌表面粗糙，附着颗粒，细胞壁回缩，细胞膜破裂，而对照组细胞表面光滑，看起来丰满。

四、过氧化氢酶对抗菌活性的影响

rSR–LAAO 对无乳链球菌和温和气单胞菌表现出抗菌活性，而这两种菌在过氧化氢酶存在下被干扰。

本研究利用毕赤酵母真核表达系统中表达的重组 SR–LAAO（rSR–LAAO）基因。rSR–LAAO 在毕赤酵母中的表达水平较低，用传统的基于亲和标签的方法纯化 rSR–LAAO 非常困难，到目前为止，研究人员还没有得到纯化的 rSR–LAAO 产物，这可能是因为天然的 SR–LAAO 是由多个具有复杂三维结构的约 66.2 kDa 单体组成的聚合体。而粗 rSR–LAAO 对革兰氏阳性菌和革兰氏阴性菌均具有抑菌活性，通过琼脂平板抑菌谱的抑菌区测定，与和空载体结合的平行对照粗表达产物进行比较，发现粗 rSR–LAAO 对革兰氏阳性菌和革兰氏阴性菌均具有抗菌活性。革兰氏阳性菌组和革兰氏阴性菌组分别对无乳链球菌和温和气单胞菌的抑菌作用最强。在无乳链球菌和温和气单胞菌的对数生长期结束后，将细胞悬液与粗 rSR–LAAO 孵育，两种菌 24 h 的生长率均降低，相对抑

制率可达 50%。扫描电镜观察结果表明，处理后的细菌表面粗糙，附着有颗粒，细胞壁回缩，细胞膜破裂。无乳链球菌是人畜共患病中败血症和脑膜炎的主要革兰氏阳性病原菌。温和气单胞菌是一种革兰氏阴性水生病原菌，可引起气单胞菌败血症。结果表明，rSR-LAAO 是潜在的细菌性疾病治疗剂的候选抗生素。

过氧化氢酶对粗 rSR-LAAO 抗菌活性的影响表明，它可能与酶活性形成 H_2O_2 有关，因为在 H_2O_2 清除剂的存在下，其抗菌效果被显著干扰。过氧化氢酶浓度越高，对抗菌活性的影响越明显。与非鱼类 LAAO 相比，rSR-LAAO 的抗菌效果非常相似。基于 H_2O_2 抑菌活性，研究人员推测 rSR-LAAO 作为一种潜在的安全广谱抗菌剂有进一步开发的价值。

早期工作的结果表明，大肠杆菌表达的 rSR-LAAO 对刺激隐核虫有明显的抑制作用。在研究中，研究人员比较了粗 rSR-LAAO 和连接有空载体的毕赤酵母粗表达产物的抗刺激隐核虫作用。两者对刺激隐核虫均表现出细胞毒作用。研究人员推测基本分泌的酵母蛋白可能是干扰实验的主要因素。在另一项研究中，研究人员试图通过免疫亲和层析从诱导表达的粗产物中纯化 rSR-LAAO，并添加 rSR-LAAO 的特异性抗体，以辅助杀寄生虫研究。

综上所述，研究人员通过基因工程技术重组了 rSR-LAAO，并建立了一种在酵母真核表达系统中表达 rSR-LAAO 的方法。结果表明，粗 rSR-LAAO 对革兰氏阳性菌和革兰氏阴性菌均有抑菌活性。这种活性可能与酶活性生成 H_2O_2 有关。研究结果提示，rSR-LAAO 是一种值得进一步研究和应用的候选抗生素，可作为细菌性疾病的治疗药物，用于常规治疗的替代或补充。此外，了解 rSR-LAAO 的免疫防御机制有助于制定更好的水产养殖病害管理策略。

五、小结

黄斑蓝子鱼 L-氨基酸氧化酶是从黄斑蓝子鱼血清中分离得到的一种新型天然蛋白（SR-LAAO），该蛋白对革兰氏阳性菌和革兰氏阴性菌均有抑菌活性，对刺激隐核虫、布氏锥虫和多子小瓜虫均有致死作用。为了检验真核表达系统产生的重组 SR–LAAO（rSR–LAAO）是否也具有抗菌活性，以毕赤酵母为表达宿主，体外获得 rSR–LAAO。琼脂平板抑菌谱抑菌实验表明，具有 SR–LAAO 基因的毕赤酵母对革兰氏阳性菌和革兰氏阴性菌均有抑菌活性。无乳链球菌和温和气单胞菌悬液与 0.5 mg/mL 粗制 rSR–LAAO 孵育 24 h 后，均处于对数生长期，最终细菌生长速率明显降低。在相同蛋白质浓度下，与和空载体连接的毕赤酵母相比，相对抑制率可达 50%。rSR–LAAO 的抑菌活性可能与 H_2O_2 的形成有关，因为其抑制区受到过氧化氢酶的显著干扰。扫描电镜结果显示，经 rSR–LAAO 处理的菌体表面会变得粗糙，颗粒附着，细胞壁回缩，细胞膜破裂。综上所述，研究结果表明，毕赤酵母表达系统中的 rSR–LAAO 是一种潜在的抗生素，可作为治疗细菌性疾病的药物。

第六节　利用 Bac–to–Bac 杆状病毒表达系统重组表达黄斑蓝子鱼 L– 氨基酸氧化酶及其功能分析

SR–LAAO 是从黄斑蓝子鱼血清中分离和鉴定的一种抗菌活性物质，已被证明具有显著的抗菌活性。因此，全球对获得具有生物活性的重组 LAAO 的兴趣与日俱增。目前，已有报道通过大肠杆菌原核和真核表达系统成功地获得了重组 SR–LAAO。虽然表达产物与野生型产物比较相似，但其生物活性和收获均不理想。Bac–to–Bac 杆状病毒表达系统作为四大基因工程表达系统之一，改进了与蛋白质表达相关的翻译后处理和修饰处理的机制。因此，利用该系统表达的重组蛋白具有与天然蛋白相似的复杂的三级结构或四级结构，具有较高的蛋白活性和免疫原性。此外，由于杆状病毒不能感染哺乳动物，因此对人类或公共安全没有致病性。此外，昆虫细胞可以在没有二氧化碳和 20~28℃ 的温度情况下用贴壁或悬浮培养物感染。实验操作相对简单且工业化。鉴于这些优点，下面将利用 Bac–to–Bac 杆状病毒表达系统在昆虫细胞中表达 SR–LAAO，并对重组

SR–LAAO 的功能进行评价。研究结果为进一步研究 LAAO 在水生动物中的作用和开发新的抗菌药物奠定了基础。

一、SR–LAAO 密码子使用的优化

与由优化基因和预优化的 SR–LAAO 基因组成的 optiSR–LAAO 相比，密码子适应指数从 0.76 提高到 0.8，GC 含量从 58% 变为 59%。发夹结构的数量被最小化。该基因全长 1 500 bp，编码 499 个氨基酸。该基因编码蛋白的理论分子量为 55 948.44 Da。等电点为 5.91，不稳定指数为 44.19，脂肪系数为 86.61。该蛋白是亲水性的，没有信号肽，具有典型的 LAAO 家族结构域，具有核输出信号。此外，还发现两个 N–糖基化位点，分别位于 30 个和 365 个氨基酸，没有 O–糖基化位点。

二、重组杆状病毒质粒的构建

用限制性内切酶 EcoR I 和 Xho I 对重组供体质粒进行酶切，分别切成 1 500 bp 和 4 800 bp 两个片段，扩增出的 1 500 bp 片段与 optiSR–LAAO 基因扩增产物完全一致。PFastBac HTA 供体质粒还可以用限制性内切酶 EcoR I 和 Xho I 处理，得到 4800 bp 大小的片段。经鉴定，重组供体质粒 pFastBac–optiSR–LAAO 构建成功。

三、杆状病毒系统中的重组表达

重组杆状病毒转染 Sf9 细胞的研究。病毒转染 24 h 后，Sf9 细胞立即出现细胞核和细胞体积明显增大、生长停止、不再增殖的现象。在病毒转染 48 h 后，所有细胞都表现出病变特征，出现了几个杆状病毒颗粒，细胞核几乎占据了整个细胞。转染 72 h 后，病毒颗粒数量继续增加，细胞黏附能力减弱，部分细胞不再黏附于培养瓶上，少数细胞开始溶解。此时，重组蛋白 rSR–LAAO 被收获。

四、Western blotting 鉴定 SR–LAAO 基因的表达

使用特定抗体的 Western blotting 印迹结果显示，r–Bac–optiSR–LAAO 转染后，在培养基中未检测到特异性 SR–LAAO 条带，但在病原细胞制备的重组蛋白中出现了一条约 60 kDa 的特异性条带，与预期大小一致。

五、免疫荧光技术鉴定 SR–LAAO 基因的表达

在正常 Sf9 细胞和转染 r–Bacmid 病细胞中，仅细胞核呈蓝色荧光染色。转染 r–Bac–optiSRLAAO 的细胞显示出特异的绿色荧光信号，该信号在 SR–LAAO 中得到表达。结果表明，SR–LAAO 成功地在 Sf9 细胞中实现了重组表达。

六、rSR–LAAO 对水产病原菌的抑菌效果评价

rSR–LAAO 对各种革兰氏阴性菌和革兰氏阳性菌均有明显的抑菌作用，特别是对典型的水生细菌——豚链球菌和副溶血性弧菌有明显的抑菌作用。牛血清白蛋白（BSA）和 Bacmid 对照组对任何一种无乳链球菌和豚链球菌细菌都没有抑菌作用。典型的革兰氏阳性菌，如对 rSR–LAAO 最为敏感。rSR–LAAO 对副溶血性弧菌、霍乱弧菌、哈维氏弧菌和鳗弧菌也有不同程度的抑制作用。rSR–LAAO 对沙门氏菌、嗜水气单胞菌和大肠杆菌均无抑菌活性。

七、过氧化氢对 rSR–LAAO 抗菌活性的影响

未经过氧化氢酶处理的 rSR–LAAO 的相对抑菌率为 100%。经 50 U/mL 过氧化氢酶处理后，rSR–LAAO 对豚链球菌和副溶血弧菌的相对抑菌率立即降至 0。

八、有机溶剂对 rSR–LAAO 抗菌活性的影响

未经任何有机溶剂处理的 rSR–LAAO 的相对抑菌率为 100%。无水乙醇处理对 rSR–LAAO 抑菌效果的影响最小，对副溶血性弧菌的抑菌率为 92.76%。甲醇和丙酮处理对副溶血性弧菌的抑制效果相似，相对抑菌率分别为 62.54% 和 62.35%。与丙酮相比，甲醇能在更大程度上保持 rSR–LAAO 的抗菌活性。

九、温度对 rSR–LAAO 抗菌活性的影响

在不同的温度条件下，rSR–LAAO 对豚链球菌和副溶血性弧菌的抗菌效果不同。在 4~30℃温度范围内，rSR–LAAO 对这两种细菌均保持较高的抑菌活性。当温度升至 40℃以上时，rSR–LAAO 对副溶血性弧菌的抑菌作用立即丧失。随着温度的升高，rSR–LAAO 对豚链球菌的抑菌效果逐渐下降。

十、pH 对 rSR–LAAO 抗菌活性的影响

结果表明，rSR–LAAO 在不同的 pH 条件下对豚链球菌和副溶血性弧菌具有相似但不相同的抗菌效果。当 pH 为 5 时，rSR–LAAO 对副溶血性弧菌的抑菌率接近 50%。当 pH 为 6 时，rSR–LAAO 对豚链球菌有抑菌作用，但对豚链球菌的抑菌活性比副溶血性弧菌高 25% 左右。当 pH 为 7 时，rSR–LAAO 对两株细菌的抑菌效果最好，随着 pH 的升高，rSR–LAAO 对两株细菌的抑菌效果均下降。当 pH 为 10 时，抑菌效果消失。

十一、蛋白酶对 rSR–LAAO 抗菌活性的影响

结果表明，在没有任何蛋白酶处理的情况下，rSR–LAAO 的相对抗菌活性为 100%。经浓度为 10 mg/mL 的胃蛋白酶、胰蛋白酶和蛋白酶 K 处理后，rSR–LAAO 对无乳链球菌和副溶血性弧菌的相对抑菌率降至 0。

研究首次利用杆状病毒表达系统实现了 rSR–LAAO 基因的异源表达。结果表明，rSR–LAAO 具有较高的抗菌活性，对部分病原菌有明显的抑菌作用。目前对蛇毒作为 LAAO 来源的研究已经取得了最深入的研究成果，但要实现其异源表达一直存在一定的困难。此外，LAAO 在水生动物中的异源表达已有报道。利用酵母表达系统，还实现了 LAAO 基因在黄斑蓝子鱼血清和星斑川鲽黏液中的异源表达。尽管之前的研究表明，虽然重组蛋白能抑制许多革兰氏阴性菌和革兰氏阳性菌，但表达水平较低，且重组蛋白存在过度修饰。Yang 等利用大肠杆菌表达系统重组加州海兔的 LAAO 表达，表达产物对大肠杆菌和金黄色葡萄球菌均有抑菌作用，但 LAAO 的表达量较低，其抑菌活性仅为野生型蛋白的 1/3 左右。此外，Li 等利用大肠杆菌表达系统从黄斑蓝子鱼的血清中获得了 LAAO 的表达产物，发现虽然对刺激隐核虫有致死作用，但重组蛋白的活性较低。本研究采用杆状病毒表达系统对 LAAO 进行异源表达，重组蛋白具有较高的生物活性，并具有显著的抗菌效果。但由于表达水平较低，且未收获纯化蛋白，有待进一步研究。

LAAO 具有广谱抑菌特性。Toyama 等从竹叶青蛇毒中提取了 Casca LAAO，发现它抑制了革兰氏阳性菌和革兰氏阴性菌的生长。此外，Zhang 等从竹叶青蛇毒中纯化的 TSV–LAAO 对细菌和真菌具有浓度依赖性的选择性抑制作用。Zhang 等还从蝮蛇蛇毒中提取到 AHP–LAAO，发现它对革兰氏阳性菌中的枯草芽孢杆菌和革兰氏阴性菌中的大肠杆菌的生长都有显著的抑制作用。Li 等人报道了从黄斑蓝子鱼血清中提取的 LAAO 对金黄色葡萄球菌和无乳链球菌的生长有抑制作用。当 LAAO 生效时，细菌会产生过氧化物酶，这会抵消氧化过程中产生的部分氧气。例如，Kasai 等研究发现，大肠杆菌与星斑川鲽 LAAO 结合后，其编码谷胱甘肽过氧化物酶（GPX）的基因表达量显著提高，并能直接减轻活性氧的损伤。

LAAO 的抗菌活性可能不仅仅依赖于 H_2O_2。Ko 等报道认为，α–keto–ε–氨基己酸与 H_2O_2 反应的中间产物不稳定是其抗菌活性的主要机理。Ande 等用 LAAO、H_2O_2 和亮氨酸培养了一株亮氨酸营养缺陷型酵母菌。他们还发现，当亮氨酸浓度较高时，几乎没有酵母死亡；然而，当亮氨酸浓度较低时，酵母死亡。笔者认为，当亮氨酸浓度较低时，LAAO 诱导酵母菌死亡的原因不是 H_2O_2 的产生。因此，有必要进一步研究与 LAAO 抗菌活性相关的其他催化剂的作用和机理。

研究结果表明，LAAO 的活性与蛋白酶、有机溶剂、温度和 pH 有关。总浓度为 10 mg/mL 的胃蛋白酶、胰蛋白酶和蛋白酶 K 溶液可完全抑制 rSR–LAAO 的抗菌活性。然而，Butzke 等报道，天然斑点海兔 L–氨基酸氧化酶（APIT）对胰蛋白酶和蛋白酶 K 的水解具有抵抗力，这可能与该酶的天然结构有关。进一步研究蛋白酶与 LAAO 结构的关系可能揭示蛋白酶与 LAAO 相互作用的机制。

不同物种 LAAO 来源之间的最适温度和 pH 的差异可能表明不同生物的环境适应性。rSR–LAAO 在 4~30℃ 范围内均能保持较高的抗菌活性，最适 pH 为 7，与黄斑蓝子鱼的生活环境条件相同。假交替单胞菌属 R3 产生 LAAO 的最适 pH 为 6~7，适宜温度为 15~25℃，最适温度为 25℃。除 CC–LAAO 外，其他 SV–LAAO 均在 20~37℃ 范围内活动，且均表现出较好的热稳定性，符合蛇的变温特性。

十二、小结

黄斑蓝子鱼 L–氨基酸氧化酶（SR–LAAO）是从黄斑蓝子鱼血清中分离得到的一种天然免疫蛋白，具有显著的抗菌活性。本研究的目的是利用杆状病毒表达系统在昆虫细胞中表达 SR–LAAO，并评价重组 SR–LAAO 的功能。为此，基于昆虫细胞的密码子偏性，设计并合成了 SR–LAAO 基因的优化序列，成功构建了杆状病毒穿梭载体和重组杆状病毒，并将重组杆状病毒转染 Sf9 昆虫细胞。研究了重组 SR–LAAO 的抑菌活性和酶学特性。结果表明，pFastBac–optiSR–LAAO 穿梭载体和 Bacmid–optiSR–LAAO 构建正确。Bacmid–optiSR–LAAO 和 Bacmid 感染 Sf9 昆虫细胞后表现出明显的细胞病变效应，特异性 PCR 分析证明重组杆状病毒构建成功。免疫荧光检测表明重组杆状病毒 rSR–LAAO 在受感染的 Sf9 昆虫细胞中大量表达，SDS/PAGE 和 Western blotting 分析表明在约 60 kDa 处出现一条特异性条带。此外，粗 rSR–LAAO 酶对水生病原菌表现出较强的抗菌活性，特别是对无乳链球菌和豚链球菌有较强的抑菌活性。此外，过氧化氢酶干扰试验结果表明，rSR–LAAO 的抗菌活性与 H_2O_2 的产生有直接关系。rSR-LAAO 酶学性质测定结果表明，在 37℃以下，L-赖氨酸为底物的 K_m 值为 16.61 mm，最适 pH 为 7。与甲醇和丙酮相比，10 mg/mL 的胃蛋白酶、胰蛋白酶和蛋白酶 K 可完全抑制 rSR-LAAO 的抗菌活性。加入等量乙醇对 rSR-LAAO 的抗菌活性影响最小。粗酶在 4~30℃范围内对革兰氏阳性菌和革兰氏阴性菌均能保持较高的抗菌活性。研究利用杆状病毒表达系统在 Sf9 细胞中成功表达了 SR-LAAO，为进一步研究 LAAO 在水生动物中的作用和开发新型抗菌药物提供了基础参考。

第七章 卵形鲳鲹 ToLAAO 基因的功能鉴定及其抗刺激隐核虫感染的多态性关联分析

单核苷酸多态性（SNPs）是一种遗传标记，因其数量多、分布广、代表性强、遗传稳定性高且适用于自动化分析而被认为是最有前途的分子标记。SNPs广泛应用于遗传图谱构建、性状基因关联分析、种质鉴定、遗传关系分析和辅助育种等方面。其中，SNPs 的性状基因关联分析不仅可以揭示 SNPs 与遗传性状之间的联系，还可以根据 SNP 位点和实际育种需要进行分子育种。在斜带石斑鱼（*Epinephelus coioides*）中，检测到 LAAO 基因的一个 SNP 与体长显著相关（$p < 0.05$），但与抗无乳链球菌感染无关。目前，虽然已有鱼类 LAAO–like 基因多态性与性状关联的研究报道，但对 LAAO 基因多态性与性状的关联分析尚未进一步研究。如主要组织相容性复合体基因多态性与卵形鲳鲹对美人鱼发光杆菌感染的抗性 / 敏感性相关；GRB2 相关结合蛋白 3（GAB3）基因的两个SNPs 与亚洲海鲈对神经坏死病毒的抗性呈显著相关；CypA 基因的一个 SNP 与黄颡鱼（*Pelteobagrus fulvidraco*）对鲇鱼爱德华氏菌感染的抗性相关。

卵形鲳鲹隶属于鲈形目、鲹科、鲳鲹属，俗称金鲳鱼，广泛分布于印度洋、太平洋和大西洋的热带和温带海域。卵形鲳鲹是一种海水硬骨鱼，其味道鲜美、生长迅速并兼具营养和经济价值。但由于养殖密度过大，海水水质下降，卵形鲳鲹养殖水域常多种疾病暴发，造成严重的经济损失。其中刺激隐核虫引起的"海水白点病"，严重影响了卵形鲳鲹养殖业的发展。刺激隐核虫是一种专性寄生的原生纤毛虫，它通常寄生于海水硬骨鱼的鳃、皮肤和鳍。它的生活史包括 4个阶段，即滋养体期、包囊前体期、包囊期和幼体期，在生活史、个体形态和感染症状方面与多子小瓜虫相似。

下面根据 LAAO 杀灭寄生虫的特性，研究分析了卵形鲳鲹 LAAO 基因（ToLAAO，ToLAAO–like）及其相关多态性与抗刺激隐核虫感染的关系，探讨了 ToLAAO 和 ToLAAO–like 基因在抗刺激隐核虫感染中的作用。

关于 ToLAAO 和 ToLAAO–like 基因的研究尚未报道。因此，本研究采用实时定量聚合酶链式反应（qRT–PCR）技术，通过比较两种基因在感染刺激隐核虫前后的表达水平，评估了 ToLAAO 和 ToLAAO–like 基因的功能以及这两种基因在抗刺激隐核虫感染中的作用。然后通过 PCR 和生物信息学方法明确了 ToLAAO 和 ToLAAO–like 基因的 SNP 位点，并探讨了它们与抗刺激隐核虫感染的性状的相关性。该工作为卵形鲳鲹抗病育种提供了线索，也为今后深入研究卵形鲳鲹抗刺激隐核虫感染提供了参考。

一、ToLAAO 和 ToLAAO–like 基因的序列特征

ToLAAO 和 ToLAAO–like ORF 序列来自卵形鲳鲹的全基因组。ToLAAO 序列为 1563 bp（GenBank 登录号：MW034587），编码 520 个氨基酸。经预测分析，ToLAAO 蛋白分子量为 58.51 kDa，理论等电点为 6.65，呈弱酸性。ToLAAO 蛋白含有信号肽序列（1~22 aa）、FAD 结合结构域（57~98 aa）和氨基氧化酶结构域（67~506 aa）。研究人员分析了 ToLAAO 蛋白的 N– 糖基化和磷酸化位点，发现 ToLAAO 没有 N– 糖基化位点，有 46 个磷酸化位点（25 个丝氨酸位点，9 个酪氨酸位点和 12 个苏氨酸位点）。ToLAAO 蛋白的二级结构由 43.08% 的 α– 螺旋、15.19% 的延伸链、4.04% 的 β– 转角和 37.69% 的随机螺旋组成。

使用 MAFFT 软件对在卵形鲳鲹、其他物种［大黄鱼（*Larimichthys crocea*）、大菱鲆（*Danio rerio*）、黄颡鱼（*Tachysurus fulvidraco*）、剑尾鱼（*Xiphophorus hellerii*）、热带爪蟾（*Xenopus tropicalis*）、银环蛇（*Bungarus multicinctus*）、原鸡（*Gallus gallus*）、欧亚野猪（*Sus scrofa*）］和人中发现的 LAAO 和 LAAO–like 氨基酸序列进行比较，发现不同物种中 LAAO 和 LAAO–

like 氨基酸的数量存在进化差异。然而，它们在 FAD 结合域中高度保守，并且具有相似的氨基酸氧化酶结构域。

使用 CLUSTORW 在线分析软件对上述物种的氨基酸序列进行多重序列比对，结果表明 ToLAAO 与 ToLAAO–like 的氨基酸序列相似度为 82.50%，其中卵形鲳鲹与大黄鱼的 LAAO 和 LAAO–like 序列的同源性最高，分别为 76.35% 和 77.33%。与其他鱼种的氨基酸序列同源性为 53.96%~58.82%，它们与银环蛇和人的同源性则较低，为 38.33%~39.46%。

二、两种 ToLAAO 的系统发育分析

使用 MEGA–X 构建的系统发育树的结果显示，所有的海鱼都聚为一支。硬骨鱼类、鸟类、两栖类、爬行类、哺乳动物和腹足类在系统发育树中的位置符合物种的传统进化模式，最终聚为一支。同源的 ToLAAO 和 ToLAAO–like 基因聚为一支，侧支为大黄鱼，其同属鲈形目，表明卵形鲳鲹与大黄鱼的亲缘关系较近。

三、ToLAAO 和 ToLAAO–like 基因在卵形鲳鲹中的表达分析

使用 qRT–PCR 方法检测 ToLAAO 和 ToLAAO–like 基因在 10 个组织中的转录水平，结果表明，ToLAAO 和 ToLAAO–like 基因在这 10 个组织中均普遍表达。在这些组织中，LAAO mRNA 在精巢中的表达量最高（$p < 0.05$），其次是脑和鳃，在心脏中的表达量最低。ToLAAO–like mRNA 在肌肉中的表达量最高（$p < 0.05$），其次是肠和肝，在脾中的表达量最低。

ToLAAO mRNA 的表达谱显示，在鳃中，ToLAAO mRNA 的表达量在感染后 3 h 略有升高，6~12 h 下降，1 d 再次升高，2~3 d 逐渐下降至较低水平，攻毒组 ToLAAO mRNA 总体表达量水平低于对照组，因此，在刺激隐核虫感染后 ToLAAO mRNA 的表达量没有改变。在皮肤中，ToLAAO mRNA 的表达量在感染后 3 h~2 d 显著升高，0~6 h 持续升高，6 h 出现第一个高峰，12 h 略有下降，

1~2 d 再次升高，2 d 达到第二个高峰，最大差异为第 2 天时的 2.19 倍（$p < 0.05$），3 d 后表达量恢复到正常水平。在肝中，ToLAAO mRNA 的表达量在感染后 3~6 h 开始上调，6 h 时表达最高，是对照组的 8.73 倍（$p < 0.05$），在 1 h 恢复正常后，于 1 d 开始上调，是对照组的 6.94 倍（$p < 0.05$），2~3 d 恢复到正常水平。在脾中，ToLAAO mRNA 的表达量在感染刺激隐核虫后 12 h–1 d 显著上调，1 d 时与对照组相比最大差异为 6.84 倍（$p < 0.05$），在第 2 天时表达量略有下调，与对照组相比升高 5.70 倍，（$p < 0.05$），3 d 后恢复至正常。在头肾中，ToLAAO mRNA 的表达量在刺激隐核虫感染后 3 h 开始上调，6 h 开始下调，12 h~1 d 第二次上调，1 d 达到最高值，最后在第 3 天恢复到正常水平。因此，在刺激隐核虫感染后，ToLAAO mRNA 的表达量没有改变。

ToLAAO–like mRNA 的表达量谱显示，刺激隐核虫感染后 3~12 h，鳃中 ToLAAO–like mRNA 表达量上调，3 h 时与对照组相比差异最大（$p < 0.05$），随后逐渐恢复到正常水平。在皮肤中，ToLAAO–like mRNA 的表达量在刺激隐核虫感染后 3 h~3 d 开始上调，1 d 时表达量最高。在肝中，刺激隐核虫感染后 3 h 和 1 d，ToLAAO–like mRNA 表达量上调。刺激隐核虫感染后 3 h、12 h、1 d 和 3 d，在脾中，ToLAAO–like mRNA 表达量显著上调，3 h 时表达量最高，为对照组的 3.71 倍（$p < 0.05$）。在头肾中，ToLAAO–like mRNA 的表达量在刺激隐核虫感染后 3 h~1 d 无明显变化，在 2~3 d 略有升高。

四、卵形鲳鲹 ToLAAO 和 ToLAAO–like 基因的多态性分析

用相应引物扩增了易感组和抗病组的 ToLAAO 和 ToLAAO–like 基因序列片段，对 DNA 进行测序后，研究人员在 ToLAAO 的 926 bp 片段中发现了 4 个 SNP 位点，分别位于 6 200 bp、6 237 bp、6 546 bp 和 6 564 bp 处。这 4 个 SNP 位点均为碱基转换，其中 6 200bp 的 SNP 位点的 C/T 转换是一种不引起氨基酸改变的沉默突变。其他 3 个 SNP 位点发生错义突变，6 237 bp 的 SNP 位点的 G/A 转换将甘氨酸变为亮氨酸，6 546 bp 的 SNP 位点的 T/C 转换将丝氨酸变为异亮氨酸，6 564 bp 的 SNP 位点的 A/G 转换将苏氨酸变为丙氨酸。研究人员在

ToLAAO–like 的 3 198 bp 片段中的 3 962 bp 处发现了 1 个 SNP 位点。该 SNP 位于 ORF 序列之外，不影响编码氨基酸的碱基。

　　研究人员对 ToLAAO 和 ToLAAO–like 的 5 个多态性位点的频率分布进行了统计分析，并使用 SPSS STATISTICS 17.0 对 SNP 位点和抗刺激隐核虫性状进行了卡方检验分析。在 ToLAAO 基因中发现 4 个 SNP 位点，在 ToLAAO–like 基因中发现 1 个 SNP 位点。结果表明，其中两个 SNP 位点在抗刺激隐核虫感染的性状上存在显著差异（$p < 0.05$），说明这些 SNP 在卵形鲳鲹抗刺激隐核虫感染中具有潜在的应用价值。

　　卵形鲳鲹作为我国南方沿海重要的海水养殖品种，具有较高的经济价值和营养价值。然而，感染刺激隐核虫会给卵形鲳鲹养殖业带来重大的经济损失。因此，本研究探索了具有抗寄生虫作用的 ToLAAO 及 ToLAAO–like 基因。从卵形鲳鲹基因组获得的 ToLAAO 和 ToLAAO–like ORF 序列长度分别为 1 563 bp 和 1 584 bp，编码 520 和 527 个氨基酸，仅有 7 个氨基酸的差异。蛋白质分子量与水生动物 LAAO 单体的大小范围一致，其理论等电点为弱酸性。ToLAAO 和 ToLAAO–like 蛋白是具有信号肽序列的分泌蛋白。在 ToLAAO–like 蛋白中发现了 N – 糖基化位点，但在 ToLAAO 中未发现，这表明两种蛋白在结构和功能上可能存在差异。据报道，糖基化是酶活性的关键。去糖基化导致江浙蝮蛇（*Agkis–trodon halys pallas*）的酶活性下降，但在具窍腹蛇中没有相同的效果。因此，对于 ToLAAO 中 N – 糖基化位点缺乏的影响以及 ToLAAO–like 中是否存在 N – 糖基化位点有待进一步研究。

　　氨基酸序列的多重比对表明，卵形鲳鲹的 ToLAAO 和其他动物的 LAAO 均含有一个氨基酸氧化酶结构域，该结构域还包含一个高度保守的 FAD 结合域。因此，尽管不同物种经历了不断的进化，但这些相似的结构域主要解释了蛋白质功能的一致性。使用高分辨率 X 射线在爬行动物红口蝮（*Calloselasma rodostoma*）中鉴定出 LAAO 的结构，表明它是一种二聚蛋白，其单体包含 3 个结构域：FAD 结合域、底物结合域和螺旋结构域。这些发现表明，这两种 ToLAAO 基因的结构特征与其他硬骨鱼中的 LAAO 基因相似。

　　构建的 LAAO 系统发育树表明，同属鲈形目的卵形鲳鲹和大黄鱼聚为一支，这与其种类特征相符。在硬骨鱼中，LAAO 被分成两个分支，这表明它们在进化过程中可能存在差异。然而，它们最终聚集成一个大支，表明硬骨鱼的 LAAO 在结构和功能上是相似的。

健康组织中 ToLAAO 和 ToLAAO–like mRNA 的 qRT–PCR 数据分析结果显示，ToLAAO 和 ToLAAO–like mRNA 在 10 个组织中普遍表达，ToLAAO mRNA 的表达普遍高于 ToLAAO–like mRNA，这与斜带石斑鱼的研究结果相符。然而，在不同组织中发现 ToLAAO 和 ToLAAO–like mRNA 的表达量有所差异。ToLAAO 和 ToLAAO–like mRNA 在精巢中均有表达，其中 ToLAAO 的表达量较高。Kitani 等发现了 LAAO（其文中的 SSAP 蛋白）在许氏平鲉卵巢中存在微量表达。因此，ToLAAO 和 ToLAAO–like 可能对生殖细胞防御外界病原的攻击中起到保护作用。ToLAAO–like mRNA 在肌肉中的表达量水平最高，而其在肌肉中发挥的作用还有待进一步研究。ToLAAO mRNA 在脑和鳃中表达量较高，这与 EcLAAO–2 mRNA 在鳃中的表达结果（Du 等，2020）一致，但后者在脑中不表达。ToLAAO 和 ToLAAO–like mRNA 在肠道中均高表达，可能与黏膜免疫有关（Shen 等，2015）。ToLAAO 和 ToLAAO–like mRNA 在健康卵形鲳鲹免疫组织（脾和肾脏）和消化腺（肝）中的表达量维持在较低水平。因此，这两个基因在上述免疫组织中起着关键作用。

为了进一步研究 ToLAAO 和 ToLAAO–like 蛋白在抗刺激隐核虫感染过程中的作用，研究人员检测和分析了刺激隐核虫感染后，这两个基因在鳃、皮肤、肝、脾和头肾中的表达量。结果表明，刺激隐核虫感染后，鳃组织中 ToLAAO 的表达量水平低于对照组，虽然在 3 h 和 1 d 略有上调，但表达量水平与其他时间无显著差异。LAAO 通常被认为具有抑菌作用，其主要抑菌物质很可能是过氧化氢与底物相互作用产生的产物。在生长周期内，卵形鲳鲹还面临着许多被细菌和病毒感染的危险，LAAO 则发挥抗菌作用。然而，在被刺激隐核虫感染后，ToLAAO 在鳃组织中的表达量没有明显上调，且蛋白质活性较低，因此它不能有效地杀死刺激隐核虫。然而，Kitani 和 Nagashima（2020）认为，组织细胞内或局部的免疫调节功能可能受到低活性 LAAO 的刺激。低活性 ToLAAO 的作用尚需进一步研究。鳃是鱼类获取维持正常代谢活动所需氧气的主要器官，也是刺激隐核虫感染的主要部位之一。鳃损伤影响正常的免疫应答过程，因此对照组 ToLAAO 的表达量高于感染组。鳃组织中 ToLAAO–like 基因在 3h 表达量上调，随后恢复到正常水平，这可能表明鳃组织中 ToLAAO–like 蛋白在抗刺激隐核虫感染的早期发挥一定的免疫应答作用。刺激隐核虫也可以寄生在鱼的皮肤上，导致其产生皮肤黏液。从皮肤黏液中分离纯化了石斑鱼（*Siganus Oramin*）和棘头床杜父鱼（*Myoxocephalus polyacanthocephalus*）的 LAAO，结果表明，LAAO 在皮肤中也有较高的表达量。皮肤中 ToLAAO 和 ToLAAO–like 基因在刺激隐核虫感染后显著上调，分别在感染后 12 h 和 1 d 达到高峰，表明皮肤在抵抗刺激隐核虫感染中发挥着重要作用。已有研究表明，鱼类在刺激隐核虫感染下产生的皮肤黏膜免疫应答可能独立于系统免疫应答，因此，这些应答可能不会相互影响。ToLAAO 于鱼类感染刺激隐核虫后的 6 h 和 1 d 在肝中的表达量上调，ToLAAO–like 则于 3 h 和 1 d 在肝中的表达量上调，说明肝在抵抗刺激隐核虫感染早期和中期发挥作用。Shen 等（2015）发现，罗非鱼在感染无乳链球菌 3 h 后，其 LAAO 在肝中的表达量上调，这与感染刺激隐核虫后肝中 ToLAAO 的表达量变化相似。据此推测，肝中的 ToLAAO 对细菌也发挥类似的作用。脾是硬骨鱼极其重要的免疫器官，在非特异性免疫和特异性免疫中发挥着不可替代的作用。在刺激隐核虫感染后的 12 h~2 d，脾 ToLAAO 表达量显著上调，3 d 时 ToLAAO–like 蛋白表达量显著上调，说明脾 ToLAAO 和 ToLAAO–like 在免疫应答的中晚期起重要作用。研究表明，硬骨鱼的头肾在体液免疫中发挥着重要作用，头肾也是硬骨鱼的重要免疫器官。在刺激隐核虫感染后，ToLAAO 和 ToLAAO–like 的表达出现不同，ToLAAO 在 12 h~2 d 上调表达，ToLAAO–like 表达变化不大，仅在 2~3 d 轻微上调，这可能与体液免疫应答有关。结合 ToLAAO 和 ToLAAO–like 在虫体感染后不同时间点的表达水平来看，二者的表达趋势是相辅相成、相互配合的关系，说明二者可能具有协同作用。

研究人员团队对卵形鲳鲹的免疫基因与抗病性进行了多态性关联分析。干扰素 –g 诱导的溶酶体硫醇还原酶（GILT）和 MHCIIβ 基因的多态性以及其中可能对美人鱼发光杆菌易感或抗病相关的基因已经得到证实。在 GILT 中只检测到一个 SNP 位点（ToGILT–S1–g.148C>G），等位基因 C 与高感（HS）组显著相关，而等位基因 G 与高抗（HR）组显著相关。在研究中，研究人员对 ToLAAO 和 ToLAAO-like 基因多态性以及其中与抗刺激隐核虫感染相关性状的基因多态性进行了筛选。ToLAAO 基因有 4 个 SNP 位点，ToLAAO-like 基因有 1 个 SNP 位点，但仅有两个 SNP 位点在抗刺激隐核虫感染性状上存在显著差异（$p < 0.05$）。6200（$p=0.042$，$p=0.010$）和 6237（$p=0.037$，$p=0.011$）两个等位基因在抗刺激隐核虫感染性状上存在显著差异。易感组和抗病组 6546（$p=0.736$，$p=0.474$）、6564（$p=0.736$，$p=0.474$）和 3962（$p=0.826$，$p=0.755$）等位基因的基因型和等位基因频率相似。这些结果表明，这两个 SNP 位点可能是卵形鲳鲹与刺激隐核虫抗病 / 感病相关的候选位点，有助于卵形鲳鲹的抗病育种。

五、小结

卵形鲳鲹的海水白点病是一种由刺激隐核虫感染引起、会导致卵形鲳鲹较高死亡率的疾病。L- 氨基酸氧化酶（LAAO）在抗菌和抗寄生虫中均起到关键作用。为了研究卵形鲳鲹的 LAAO（ToLAAO）和 LAAO-like（ToLAAO-like）基因的功能，本研究探讨了其序列特征以及多态性与抗刺激隐核虫感染之间的关系，从卵形鲳鲹全基因组中获得的 ToLAAO 和 ToLAAO-like ORF 序列分别为 1 563 和 1 584 bp，编码 520 个和 527 个氨基酸。这两个序列都含有一个高度保守的黄素腺嘌呤二核苷酸结合域和一个相似的氨基氧化酶结构域。序列多重比对分析表明，ToLAAO 及 ToLAAO-like 序列与大黄鱼 LAAO 序列同源性最高。实时定量聚合酶链式反应（qRT-PCR）结果显示，ToLAAO 及 ToLAAO-like mRNA 在 10 个组织中均有表达。其中，ToLAAO mRNA 在精巢中高表达，ToLAAO-like mRNA 在肌肉组织中高表达。在刺激隐核虫感染后，ToLAAO 和 ToLAAO-like mRNA 在皮肤和脾中的表达量显著上调，而在肝和头肾中仅有 ToLAAO mRNA 的表达量显著上调，在鳃中仅有 ToLAAO-like mRNA 的表达量显著上调。从 ToLAAO 和 ToLAAO-like 基因序列片段中鉴定出 5 个 SNP 位点，其中 LAAO 的两个位点（6200C/T 和 6237G/A）与抗刺激隐核虫感染显著相关。这些结果表明，ToLAAO 和 ToLAAO-like 基因在抗刺激隐核虫感染的免疫应答中起关键作用。

第八章　大西洋鲑鱼体表抗菌肽的克隆和对杀鲑气单胞菌的反应

先天免疫系统对鱼类至关重要，因为它们的适应性对应物需要相当长的时间来作出反应。鱼类的先天免疫系统弥补了复杂的适应性免疫系统的缺乏。此外，鱼类和哺乳动物的免疫组织有一些相似之处，但与哺乳动物相比，淋巴器官没有那么复杂。值得注意的是，鱼类体表组织如皮肤和鳃受到严密保护，因为它们容易受到病原体入侵和相关感染。保护是由多种生物活性物质提供的，如补体、免疫球蛋白、凝集素、蛋白酶、抑制剂、溶菌酶、碱性磷酸酶和抗菌肽（AMP）。AMP 是鱼类中第一道免疫防御线的参与者，是强大、快速的病原体杀手。此外，它们的受体独立机制，如直接杀伤和膜破坏使它们成为在水生系统中控制病原体的安全剂。AMP 通常是带正电荷的 2~6 kDa 肽，带有二硫键，可以通过干扰细菌细胞膜来杀死细菌。鱼体表 AMP 大致分为两亲性肽和带正电荷的肽。两亲性质及其正电荷对于在细菌细胞膜上形成孔和导致细胞内容物泄漏是必要的。AMP 存在于鱼的皮肤中。带正电荷的 AMP 包括防御素和导管素。3 个哺乳动物防御素亚组是 α-防御素、β-防御素和 θ-防御素。在鱼类中，只发现了 β-防御素样蛋白，这些抗菌肽的前体由 60~77 个氨基酸残基组成，成熟肽有 38~45 个氨基酸。尚未从皮肤和鳃等体表组织中克隆出大西洋鲑鱼的防御素。成熟肽含有 6 个保守的半胱氨酸残基并形成二硫键以稳定结构，它们的净正电荷可能有助于附着和穿透目标细菌细胞体。导管素（在人类中也称为 LL–37）是由 37 个氨基酸组成的阳离子残基；它们具有二硫键，分子量为 4 kDa。在大西洋鲑鱼中，两种导管素在其前体中具有 202 个或

207 个氨基酸残基，而成熟肽具有 53 个或 63 个氨基酸残基。除了上述 AMPs 外，L– 氨基酸氧化酶（LAAO）在石斑鱼中被归类为抗菌蛋白，在杜父鱼、星斑川鲽和黄斑蓝子鱼中是一种具有糖基化过氧化氢酶抗菌活性的糖酶。 β– 防御素、导管素和 LAAO 对革兰氏阴性菌和革兰氏阳性菌具有抗菌活性。此外，已知 AMP 具有免疫调节功能，并且它们是体液免疫系统的有效分子。与哺乳动物一样，鱼类 AMP 会在伤口或与病原体接触时分泌。然而，这些杀微生物分子的诱导原因和作用方式，尤其是它们在养殖鱼类中的先天反应和免疫调节功能，尚未完全阐明。了解大西洋鲑鱼与特定病原体接触时不同 AMP 的调节将有助于识别对该病原体作出反应的分子。此外，可以轻松收集体表表皮细胞或皮肤黏液用于诊断。这些样本中的 AMP 可用作非侵入性诊断标志物，有助于疾病预防，从而阻止传染性病毒的传播。在这项研究中，研究人员新克隆了 β– 防御素 1–4 和 l– 氨基酸氧化酶基因，然后阐明了这些 AMP 和已经在大西洋鲑鱼中克隆的导管素（Chang 等，2006）的防御能力。研究人员描述了在用杀鲑气单胞菌疫苗抗原刺激后体内和体外暴露于活的杀鲑气单胞菌后 AMP 基因表达的改变。

一、β– 防御素基因的克隆

从大西洋鲑鱼鱼皮中成功克隆了 4 个 β– 防御素基因（β– 防御素 1、β– 防御素 2、β– 防御素 3 和 β– 防御素 4 的 DDBJ 登录号分别为 LC387973、LC387974、LC387975 和 LC387976）。所有大西洋鲑鱼 β– 防御素均由信号肽、成熟肽域和保守的半胱氨酸残基组成。防御素的估计成熟肽长度（aa，氨基酸残基）、分子量（Mw）和理论等电点（pI）为：β– 防御素 1、Defb1~42 aa、4.5 kDa 和 8.35；β– 防御素 2、Defb2~43 aa、5.1 kDa 和 9.08；β– 防御素 3、Defb3~39 aa、4.1 kDa 和 8.95 以及 β– 防御素 4、Defb4~42 aa、4.5 kDa 和 7.79。肽的同一性为 28.6%~50.0%。已知防御素前体的系统发育分析表明所有大西洋鲑鱼 β– 防御素都与其他脊椎动物防御素有关。大西洋鲑鱼 β– 防御素 1、β– 防御素 2 和 β– 防御素 4 与各自的鱼 β– 防御素聚集在一起，而在一个独立的进化枝中观察到 β– 防御素 3。

二、LAAO 基因和 LAAO 酶活性的克隆

大西洋鲑鱼的 LAAO 基因也是从皮肤组织中克隆的（DDBJ 登录号为 AB831259）。预测的 LAAO 由 509 个氨基酸组成，包括信号肽（1~26 个残基）、辅酶结合基序（二核苷酸结合基序和 GG 基序）和 4 个 N – 糖基化位点［Asn–X–Ser 或 Thr，X 是任何氨基酸位置 218、276、294 和 310 上的氨基酸（脯氨酸除外）］。成熟蛋白质的估计分子量为 53.9 kDa，等电点为 6.16。系统发育分析显示大西洋鲑鱼 LAAO 与斑马鱼、青鳉和鲶鱼 LAAO 聚集在一起。底物特异性 LAAO 酶活性没有在大西洋鲑鱼皮肤黏液和鳃组织提取物中检测到。注射疫苗后皮肤和鳃中 AMP 基因的改变：在皮肤和鳃中研究了注射杀鲑气单胞菌抗原后 7 个 AMP 基因的反应。通过 qPCR 检测和定量靶基因，即 cath1、cath2、defb1、defb4 和 LAAO 的表达。在皮肤中，疫苗注射后 1 d，cath2 表达趋于上升，而 cath1、defb1、defb4 和 LAAO 的表达没有改变。在疫苗注射后 7 周，与注射 PBS 的对照组相比，cath2（$P < 0.05$）和 LAAO（$P > 0.05$）表达低 0.3 或 0.5 倍，而其他基因没有改变。鳃中 AMP 基因的改变：体外暴露于细菌后，检查了体外暴露于致病细菌杀鲑气单胞菌后鳃组织中 AMP 基因表达的差异。鳃组织中的 il1b 表达随着组织孵育时间的增加而增加；到 96 h，它与初始时间点的表达显著不同（4 倍；$P < 0.05$）。导管素、cath1 和 cath2 也显著上调；与初始点的表达相比，在 96 h，cath1 表达高 1.6 倍，在 48 h，cath2 表达高 1.9 倍。在 defb1 表达（96 h 高两倍）以及 LAAO 表达（48 h 略微上调）的情况下注意到上调趋势。

然而，本实验中未检测到 defb2、defb3 和 defb4（数据未显示）。

抗菌肽和蛋白质是抵御病原体入侵的前线防御分子，它们具有免疫调节功能。导管素和防御素存在于鱼类和哺乳动物的不同组织中，而 LAAO 是鱼种中抗微生物分子的新成员。众所周知，它们可以有效地抵御病原体。然而，与哺乳动物相比，对鱼类的 AMP 的防御潜力知之甚少。作为了解这些分子在大西洋鲑鱼中的功能的第一步，研究人员进行了杀鲑气单胞菌疫苗接种和暴露试验。研究人员使用了已经克隆的 cath1 和 cath2 基因，以及研究人员为这项工作克隆的其他 AMP 基因，即 defb1、defb2、defb3、defb4 和 LAAO。研究人员

发现，鳃中的导管素基因通过注射和暴露于病原体而迅速上调。研究人员没有发现 defb1、defb2、defb3、defb4 或 LAAO 的这种显著的表达变化。导管素基因被杀鲑气单胞菌疫苗注射上调，但不会被模拟或佐剂注射。这一结果表明，基因对杀鲑气单胞菌或其表面分子有反应。有趣的是，腹膜内注射甚至能够在外部组织（如大西洋鲑鱼的皮肤）上引起导管素的表达。cath1 和 cath2 的这种远程反应表明它们的表达是在鱼的免疫调节系统下进行的。已知导管素可被一些化学和生物制剂诱导。通过添加维生素 D_3 在各种类型的细胞中诱导导管素（hCAP18）；通过含有维生素 D 反应元件的导管素启动子序列。就鱼类导管素而言，in Ayu *Plecoglossus altivelis* 幼虫中注射脂多糖和虹鳟肠细胞的酵母聚糖暴露刺激导管素基因表达。一项体外研究还报告了导管素基因的反应；布鲁氏菌感染在 24 h 后在大西洋鳕鱼头肾衍生的单核细胞 / 巨噬细胞样细胞中诱导该基因的表达。此外，将虹鳟暴露于加维乳球菌、鲁氏耶尔森氏菌、杀鲑气单胞菌和嗜冷黄杆菌会诱导导管素。上述使用虹鳟的病原体攻击研究报告了在 24 h 内在几种组织中诱导了 cath1 和 cath2；在所有实验中，cath2 的反应都很强。这些结果与研究人员的观察结果相似：病原体暴露后 cath2 表达的快速而剧烈的反应。鱼体内的急性期反应分子是由细菌感染触发的。il1b 是一种早期特征化的白细胞介素，在病原体相关分子模式刺激后由多种鱼类细胞产生。il1b 蛋白驱动（在 4 h 内）急性期蛋白血清淀粉样蛋白 A 在大西洋鲑鱼头肾白细胞中的表达。il1b 基因表达仅在 7 d 后才在感染黏氏杆菌的大西洋鲑鱼中启动。在鳃组织外植体中，cath2 在 il1b 之前受到刺激，表明 cath2 可能是感染的潜在早期标志物组织。在注射后 24 h，研究人员没有发现皮肤导管 1 的表达有任何改变，但皮肤导管 2 略有上调，尽管与鳃相比水平较低。尽管这种变化没有通过统计分析得到证实，但鳃片可能是病原体的有效目标，因为它有很大的气体交换表面积。cath1 和 cath2 在鳃中都被杀鲑气单胞菌暴露诱导；研究人员观察到表达的时间依赖性增加。该结果表明，导管素基因的局部反应可以由病原体暴露引起。基于注射和暴露实验，表明导管素参与局部和系统免疫反应。在对大西洋鲑鱼的早期研究中，在鲁氏耶尔森氏菌攻击后的鳃中诱导了 cath1 和 cath2。这与使用外植组织的本实验的结果一致。此外，据报道，这种 AMP 基因在 ayu 的肝中被诱导以响应脂多糖注射。此外，导管素驱动大西洋鲑鱼外周血白细胞中白细胞介素 8 的诱导。很明显，导管素对细菌病原体有反应并起到免疫调节剂的作用，因此值得进一步研究相关机制。

导管素是在水生动物和陆生动物中发现的阳离子抗菌肽，如盲鳗、鲑鱼和几种哺乳动物。之前已经描述了大西洋鲑鱼导管素之间的结构差异。该鱼中导管素 1 和导管素 2 的成熟肽仅具有 29% 的序列同一性。对于它们前肽的 cathelin 结构域，同一性值为 75%。导管素前域本身在人类中不具有抗菌活性；研究没有专门检查导管素成熟肽和导管素结构域。然而，在注射和病原体暴露实验中，两种导管素的反应幅度略有不同——cath2 反应强烈。这可能是由于皮肤和鳃中存在的基因的结构和功能差异引起的，值得进一步关注；重点应该放在导管素启动子序列上，以及它们使用抗体方法或质谱法的肽分子上。研究克隆了来自大西洋鲑鱼皮肤组织的防御素。大西洋鲑鱼 β–防御素的预测氨基酸序列具有低同一性。系统发育分析表明，Defb3 序列的变化发生时间早于其他防御素（Defb1、Defb2 和 Defb4），并且 Defb3 与虹鳟 Defb3 聚集在一起。该结果表明，Defb3 结构和功能是大西洋鲑鱼特有的。在研究中，注射和接触杀鲑气单胞菌并没有显著改变皮肤和鳃中的 β–防御素。β–防御素基因的病原体无关反应表明，这些分子的诱导物不一定是细菌物质，并且可能与任何细菌感染刺激的免疫途径无关，如以 toll 样受体开始的免疫途径。此外，鳃组织直接暴露于病原体只会引起 defb1 的微弱反应；进一步表明 defb1 不受细菌病原体的影响（至少不受杀鲑气单胞菌的影响）。大西洋鳕鱼 β–防御素与大西洋鲑鱼 defb1 紧密聚集在头肾中上调，但在皮肤或鳃中未上调，这是对鳗鲡 H610 攻击的反应。总之，这些结果表明体表 β–防御素不受某些细菌的影响，它们的组成型表达可能有助于保护。

除了防御素，LAAO 基因还成功地从大西洋鲑鱼的皮肤组织中克隆出来。在鲭鱼的内脏中鉴定出第一条鱼 LAAO，它被称为凋亡诱导蛋白。此外，几项研究表明它是鱼类中的一个新的抗菌蛋白家族。LAAO 的生物活性主要是由底物 L–氨基酸的氧化脱氨基产生的过氧化氢引起的。这种氧化是由通过 favin 腺嘌呤二核苷酸的电子转移引起的。研究结果表明，大西洋鲑鱼 LAAO 的氨基酸序列包括二核苷酸结合基序和用于 favin 腺嘌呤二核苷酸结合的 GG 基序。

　　大西洋鲑鱼 LAAO 和海洋鱼类 LAAO 的氨基酸残基序列同一性为53%~57%，淡水鱼类物种的同一性值更高，为 67%~73%。系统发育分析还指出大西洋鲑鱼 LAAO 序列和其他淡水鱼 LAAO 属于同一进化枝。海洋鱼类和淡水鱼类中 LAAO 的多样性以及 LAAO 分子的结构 – 栖息地关系值得进一步研究。

　　LAAO 基因表达在注射研究中上调。鱼类 LAAO 的免疫功能还不清楚；只有一份关于在鳗鲡攻击后在皮肤、鳃、脾和头肾中感染后 48 h 诱导大西洋鳕鱼 LAAO 的报告。在研究中，细菌病原体暴露并未显著上调大西洋鲑鱼鳃中的LAAO，因此与导管素不同，parhaps LAAO 间接调节细菌感染。尽管基因表达发生变化，但 LAAO 不活动的原因可能表明蛋白质表达低、翻译效率低或需要未知底物。应该注意的是，酶学表征对于了解 LAAO 对鱼类免疫的影响是必要的。总之，大西洋鲑鱼的体表组织导管素对杀鲑气单胞菌反应迅速。注射和暴露实验均表明导管素参与局部和全身免疫反应。此外，β – 防御素没有被杀鲑气单胞菌改变，这表明它们通过组成型表达进行调节或保护的特异性。此外，接种和暴露后 LAAO 基因的差异调节表明该基因具有针对细菌感染的间接调节系统，与导管素不同。总之，建议导管素可用作杀鲑气单胞菌感染的非侵入性早期诊断标志物，因此可用于疾病管理实践。尽管研究结果和之前的报告表明导管素作为诊断标志物的适用性，但需要进一步深入研究以确认标志物的敏感性和可靠性。

三、小结

　　抗菌肽 / 蛋白质（AMP）是重要的宿主防御分子，具有抗菌和免疫调节的特性，可有效抵御病原生物的感染。在对鲑鱼养殖场的鲑鱼感染杀鲑气单胞菌期间造成了损失。大西洋鲑鱼对此类分子的反应应答尚不清楚。研究人员进行了腹膜内注射杀鲑气单胞菌疫苗后的体内反应和将鳃组织暴露于杀鲑气单胞菌后的体外反应这两项试验来了解两种已知 AMP 基因（cathelin，cath1，cath2）和 5 个新克隆的 AMP 基因（β – 防御素，defb1~defb4 和 L – 氨基酸氧化酶，

LAAO）的调控。在注射后 24 h 后，疫苗注射诱导了鳃中的 cath1、cath2 和 LAAO 表达上调。大西洋鲑鱼鳃组织外植体的杀鲑气单胞菌暴露于 48 h 内，显示为 cath1 和 cath2 的上调。defb 基因没有因注射或暴露于杀鲑气单胞菌而改变。据此，研究人员认为，导管素（cath1 和 cath2）是杀鲑气单胞菌诱导的 AMP，可能是感染的生物标志物。

第九章 大西洋鳕鱼 L-氨基酸氧化酶的
鉴定及其细菌感染后的表达分析

    鱼体上的黏液层具有保护功能，含有不同种类的生物活性宿主防御因子，如补体、免疫球蛋白、凝集素、抗蛋白酶、抗菌肽/蛋白质和溶菌酶。鱼类表皮黏液中的抗菌因子很重要，特别是在宿主对细菌病原体的第一线反应中。大西洋鳕鱼的皮肤黏液中存在几种抗菌物质，从大西洋鳕鱼表皮黏液中纯化的阳离子蛋白对细菌和真菌具有抗菌活性。这些蛋白被鉴定为组蛋白 H_2B 和核糖体蛋白，分子质量范围为 6.3~14.2 kDa。大西洋鳕鱼皮肤黏液中也含有丰富的抗菌小分子：强效抗菌肽的 piscidin 家族对先天免疫很重要，并且 piscidin1 和 piscidin2 的基因已经被描述。

    L-氨基酸氧化酶（LAAO，EC 1.4.3.2）是一种黄素酶，据报道是鱼类上皮表面抗菌蛋白的新成员。它在氧气存在下催化 L-氨基酸底物的氧化脱氨基，产生相应的 α-酮酸、氨和过氧化氢。LAAO 广泛分布于多种生物体中，被认为是 L-氨基酸的代谢酶，这些酶具有多种生理作用。抗菌 LAAO 已经从一些鱼类中分离出来，但目前尚不清楚它们的生物学功能是否保守，包括它们在冷水鱼先天免疫中起到哪些作用也有待研究。在本项研究中，研究人员报告了大西洋鳕鱼 LAAO 的鉴定、细菌暴露后其酶活性和基因表达的变化。

一、大西洋鳕鱼鱼皮 LAAO

    LAAO 因其在无脊椎动物和脊椎动物的先天防御机制中的作用而得到认

可，其功能被认为是由于其副产品过氧化氢的强效细胞毒性作用。这种分子的相关性在一种冷适应鱼类——大西洋鳕鱼中进行了检查，大西洋鳕鱼主要依靠其先天免疫进行防御。由于皮肤是主要的防御屏障，这项研究从皮肤组织中鉴定了 LAAO 分子。来自大西洋鳕鱼鱼皮的 LAAO 基因（GmLAAO）被克隆和测序（DDBJ 登录号 AB828203）。该基因由 2590 bp 组成，包括 3′ 和 5′ 非编码区，其编码区为 54~1 619 nt，在位置 2501~2506 具有腺苷酸化信号和来自碱基 2521 的聚腺苷酸信号。预测的 522 个氨基酸残基包括 18 个氨基酸残基（1~18）的分泌信号序列、NAD（P）结合罗斯曼样域（63~137）和 N−糖基化位点（168~171）。此外，残基 519~522 对应于内质网（ER）靶向信号序列。N 端信号肽、N−糖基化和 C 端 ER 保留序列可能支持细胞外分泌和 LAAO 转移到体表黏液。大西洋鳕鱼鱼皮组织的非细胞质部分的 LAAO 活性可以忽略不计。此外，还在幼年大西洋鳕鱼的皮肤黏液中检测到 LAAO 活性。细胞质部分和皮肤黏液中的 LAAO 活性可能表明细胞质中存在 GmLAAO 蛋白，该蛋白可以转移到身体表面，如皮肤和鳃。应该注意的是，NAD（P）结合域对于结合黄素腺嘌呤二核苷酸（FAD）很重要，FAD 是 LAAO 的辅助因子。

成熟 GmLAAO 蛋白（不含信号肽）的估计分子量和 pI 分别为 56.2 kDa（单体）和 5.85。预测的蛋白质序列与其他鱼类 LAAO 相似，其相似性估计在 49%~62% 的范围内。此外，注射杀鲑气单胞菌的大西洋鳕鱼脾的 EST 的 LAAO 样基因的部分基因序列显示出 95% 的同一性；然而，该基因包含 3 个导致移码的缺口。这一结果表明，大西洋鳕鱼至少有两个 LAAO 旁系同源物，就像其他鱼类一样。

系统发育分析和同源性搜索显示 GmLAAO 与其他鱼类 LAAO 不同。LAAO 形成 3 个集群，遵循硬骨纲超目 Ostariophysi、Paracanthopterygii 和 Acanthopterygii；除了日本青鳉的 LAAO 外，可以推断大西洋鳕鱼的 LAAO 蛋白在进化上与其他硬骨鱼的不同。

使用 l−Lys 后，皮肤组织表现出 LAAO 活性，尽管具有严格的底物特异性。此外，使用相同浓度的 d−Lys 或不使用 l−Lys 未检测到 LAAO 活性。有趣的是，还注意到鲭鱼内脏 LAAO、黑石斑鱼和大杜鹃皮肤黏液 LAAO 的 l−Lys 底物特异性。蛇毒 LAAO 的底物结合机制得到了很好的研究。有必要进一步研究鱼类的结构 − 底物特异性关系。

二、大西洋鳕鱼 LAAO 分布及其在细菌暴露期间的变化

在鳃、肝、脾和头肾中检测到 GmLAAO 转录物（通过半定量 RTPCR），在皮肤（来自背侧和腹侧区域）和肠道中检测到的程度要小得多。与皮肤和头肾相比，脾中 GmLAAO 的 mRNA 水平更高（$p < 0.05$）。背侧皮肤（2.38 ± 1.00）中的 LAAO 活性（mUnit/mg 蛋白质，平均值 ± SE）与腹侧皮肤（2.00 ± 1.30）中的 LAAO 活性相似。然而，与脾相比，鳃中的酶活性显著降低。尽管鳃中存在 GmLAAO，但该器官中的 LAAO 活性可以忽略不计。这种缺乏相关性可归因于 LAAO 基因及其蛋白质的组织内定位差异。在大西洋鳕鱼中，蛋白质位于皮肤表皮的基底膜附近、鳃上皮以及鳃初级薄片的顶端部分。还可以考虑 GmLAAO 蛋白翻译后修饰后的成熟和激活。因此，只有通过 GmLAAO 的原位杂交和 GmLAAO 蛋白的免疫组织化学检测才能解释观察到的差异。Ruangsri 等（2010）已经报道了大西洋鳕鱼的几种组织提取物的抗菌活性。LAAO 活性的过氧化氢酶淬灭特性可以赋予不同组织抗菌活性。此外，在未受精卵（强烈）和发育阶段（初步观察，数据未显示）中观察到 GmLAAO 的表达。 GmLAAO 可能在大西洋鳕鱼的早期发育过程中具有保护功能。

为了了解 LAAO 在防御机制中的作用，在受到鳗鲡攻击的大西洋鳕鱼中研究了 GmLAAO 表达的变化，比较了攻击前和攻击后鱼（4 h 和 48 h）的皮肤、鳃、脾和头肾的模板 cDNA。在检查的组织中，48 h 的 GmLAAO 表达值高于攻击前和 4 h 的水平——鳃、脾和头肾的差异显著。尽管鱼受到了沐浴挑战，但有趣的是，GmLAAO 不仅在外部组织中增加了（高达 8 倍），而且在内部器官中也增加了。此外，在第二项挑战研究中，病原体对 GmLAAO 的改变在 48 h 后在皮肤和鳃中均很明显。非致病细菌（假单胞菌属，共生分离株 GP21）没有改变基因表达。LAAO 活动也没有因挑战而显著改变。

因此，大西洋鳕鱼感染后的反应表明该分子具有作为感染标志物的潜力。

此外，在小鼠 B 细胞中，LAAO 由白细胞介素 4 诱导，白细胞介素 4 是众所周知的传染病细胞因子。人类 IL4I1 中的一种相关蛋白由白细胞介素 4 诱导的基因 1 编码，与来自硬骨鱼的 LAAO 聚集在一起，已知具有针对苯丙氨酸的 LAAO 活性，可以有效抑制 T 淋巴细胞增殖。巨噬细胞和树突状细胞表达 IL4I1，这种分泌的 LAAO 能够杀死或阻止革兰氏阴性菌和革兰氏阳性菌的生长。

这些结果表明，LAAO 在广泛的生物体中作为一种有效的免疫分子发挥作用。总之，存在于内部器官和外表面的大西洋鳕鱼 LAAO 可能有助于抵御细菌病原体。

三、小结

抗菌因子存在于鱼的表皮黏液中，在宿主防御细菌病原体的第一道防线中具有潜在的作用。研究报道了大西洋鳕鱼中 L–氨基酸氧化酶的鉴定以及暴露在细菌后分子的变化。GmLAAO 转录本和 LAAO 活动同时存在于鱼的体表和内脏中。受鳗弧菌感染后的鱼鳃、脾和头肾中 GmLAAO 相对 mRNA 水平显著升高（高达 8 倍）。在受感染的鱼中，皮肤中的 GmLAAO 表达高出 4 倍。研究数据表明，LAAO 可能是大西洋鳕鱼的一个重要的抗菌防御因子。

第十章　鲐鱼 L−氨基酸氧化酶研究

第一节　在感染异尖线虫的鲐鱼体内分离到具有诱导细胞凋亡的 LAAO

细胞存活和生长的变化导致了许多人类疾病的发生，包括癌症、感染、自身免疫性疾病和神经退行性疾病。细胞凋亡可以由多种外在和内在信号触发。

在筛选来自海洋鱼类和植物的生物反应调节剂，尤其是调节细胞生长的生物反应调节剂时，研究人员观察到一些哺乳动物的肿瘤细胞接触到鲐鱼的内脏器官提取物后，发生了类似于细胞凋亡的形态学变化。这种活性对热、pH 和蛋白酶敏感，并且与 Fas 和 TNF 受体无关（研究人员未发表的观察）。

在研究中，研究人员报道了一种被称为细胞凋亡诱导蛋白（AIP）的蛋白因子的纯化、cDNA 克隆以及对该蛋白的特征描述。AIP 在鱼类感染异尖线虫幼虫后诱导，并具有基本二核苷酸结合基序和 COOH 末端内质网（ER）滞留信号，表明它是一种新型结构和功能的网织蛋白。有证据表明，AIP 作为一种在体内和体外均具有诱导细胞凋亡活性的功能性分子，都是从内质网中分泌出来的，因此 AIP 在宿主抵御寄生虫入侵的防御系统中具有潜在的重要性。

一、AIP 纯化

研究人员试图通过筛选海洋鱼类和植物的生物反应调节剂来寻找参与控制细胞生长因素的来源，然后发现鲐鱼的内脏提取物对各种哺乳动物的肿瘤细胞具有强大的和剂量依赖性的细胞毒性作用。鲐鱼内脏提取物中的活性可能是由蛋白质成分介导的，这一点从其分子大小（＞ 50 kDa）及其对胰蛋白酶和热的敏感性可以看出。本研究使用了几个色谱步骤来纯化该因子。这个过程使 sp.act 增加了 8 000 倍。在最后的凝胶过滤步骤后，SDS–PAGE 接着银染色显示了两条 62 kDa 和 64 kDa 的蛋白带。这两种多肽具有相同的 N 端序列，表明它是彼此的截断或修饰形式。细胞毒性活性从凝胶过滤柱中洗脱出来，约为 135 kDa，表明这两种蛋白在溶液中以二聚体形式存在。

二、AIP 具有很强的诱导细胞凋亡的活性

为了验证该多肽确实是细胞凋亡诱导因子，针对纯化的细胞凋亡诱导因子产生了 3 种 mAbs，并用于免疫去除鲐鱼提取物中的细胞凋亡诱导活性。这些抗体在鲐鱼内脏提取物和纯化的细胞凋亡诱导样品的免疫印迹上只识别 62 kDa 和 64 kDa 蛋白条带。用这些 mAbs 对鲐鱼内脏提取物进行免疫去除，完全消除了细胞凋亡诱导活性。这些结果表明，62 kDa 和 64 kDa 的蛋白质负责诱导细胞凋亡的活性。研究人员将这些蛋白命名为 AIP，并发现 AIP 具有很强的细胞凋亡活性。使用人类白血病细胞 HL–60 检查了细胞溶解活性。在 5 ng/mL 的 AIP 中观察到中位数的细胞溶解剂量，在 20 ng/mL 的 AIP 存在下培养 24 h，细胞被完全杀死。用 20 ng/mL AIP 处理的 HL–60 细胞在 2 h 内观察到寡核糖体长度的 DNA 片段，这是细胞凋亡的特征。核染色和流式细胞仪分析也证实了其他典型的凋亡特征。

三、诱导 AIP 很大程度上依赖于感染异尖线虫幼虫

研究人员检查了 AIP 的组织表达，以选择适合分离 AIP 编码基因的器官。出乎意料的是，在检查的任何组织中都没有检测到 AIP 和诱导细胞凋亡的活性，这表明 AIP 的表达在鱼类中是有条件的。研究人员发现，AIP 的诱导取决于异尖线虫幼虫的感染。在受感染的鲐鱼（5 个样品）内脏提取物中可以检测到细胞凋亡诱导活性和 AIP，但在未受感染的鲐鱼（5 个样品）内脏提取物中不能检测

到。此外，在感染了异尖线虫幼虫的组织的提取物中检测到 AIP（数据未显示），特别是在组织表面环绕幼虫的包囊中（图 10-1）。

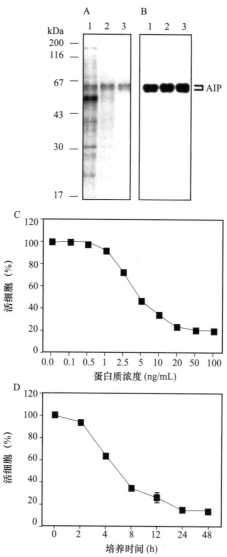

图 10–1　用 SDS–PAGE、Western blot 和 HL–60 细胞凋亡实验对诱导细胞凋亡因子进行分析

从感染异尖线虫幼虫的鲐鱼内脏提取液中提取部分纯化的组分，经 ConA–Sepharose（泳道 1）、Mono Q（泳道 2）和 Superdex 200HR 10/30 凝胶过滤柱（泳道 3）依次层析。活性组分用 SDS–PAGE 分离，并用抗 AIP 单抗进行银染（图 10–1A）或免疫印迹分析（图 10–1B），这两种单抗是专门用来消除鲐鱼内脏提取物诱导细胞凋亡的免疫活性的。用不同浓度的纯化 AIP 与人 HL–60 细胞作用 12 h，或用 D（20 ng/mL）纯化的 AIP 作用于人 HL–60 细胞，观察不同浓度的 AIP 对 HL–60 细胞增殖的影响。MTS 法检测活细胞百分率

四、AIP 是一种新型网织蛋白，通过其 H_2O_2 生成功能具有强大的诱导细胞凋亡的活性

对纯化的 AIP 的 N 端和 4 个 V8 蛋白酶酶切的多肽进行了测序。在序列的基础上，设计了简并的 PCR 引物，并利用 RT−PCR 从含有异尖线虫幼虫的包囊总 RNA 中扩增出一个 645 bp 的产物（残基 38~252），其中主要检测到 AIP 的转录本。然后用这个 PCR 产物从含有异尖线虫幼虫包囊的 mRNA 构建的 cDNA 文库中分离出全长为 2 025 bp 的 cDNA。该 cDNA 包含一个 524 aa 的蛋白质的开放阅读框，预测的 M_r 为 55 000。在开放阅读框内发现了 N 端和 4 个 V8 蛋白酶酶切的肽序列。SignalP 和 PSORT 分析表明，存在一个信号肽序列，但在哺乳动物中不存在可切割的序列。然而，纯化的、成熟的 AIP 的 N 端始于 31 位氨基酸（Glu），表明信号肽在鱼类中被裂解出来。在 AIP 的氨基酸序列中观察到 5 个潜在的 N−糖基化位点，这可能解释了由 SDS−PAGE 确定的 M_r 和由氨基酸序列预测的 M_r 之间的差异。

AIP 含有典型的 β α β 二核苷酸结合折叠，通常在黄素腺嘌呤二核苷酸和 NADPH 结合蛋白中发现。事实上，纯化的 AIP 显示出与黄素蛋白相似的吸收光谱（数据未显示）。这一观察强烈表明，AIP 的功能可能需要结合黄素。有趣的是，AIP 的羧基端区域被发现拥有一个 KDEL 序列，这被认为是蛋白质保留在 ER 腔内的必要和充分条件。事实上，AIP 主要在转染了 AIP 基因的小鼠成纤维细胞的 ER 中被检测到（数据未显示）。

AIP 的氨基酸序列与两种黄素蛋白，即预测的 IL−4 诱导的小鼠 B 细胞基因（图 10−1）蛋白的功能不明和蛇毒 L−氨基酸氧化酶（LAAO）的氨基酸序列显示 41% 的整体一致性（图 10−1B），表明 AIP 是一种新发现的 LAAO。因此，研究人员调查了 AIP 是否能催化 H_2O_2 的产生。从感染异尖线虫幼虫的鲇鱼中纯化的 AIP 或在转染了 AIP 基因的 COS−7 细胞中表达的 AIP 可以氧化 L−氨基酸，特别是 L−赖氨酸（图 10−1C）。然后，研究人员研究了 H_2O_2 的清除剂对 AIP 诱导的细胞凋亡的影响。用 AIP 和过氧化氢酶协同处理 HL−60 细胞，使 AIP 诱导的细胞凋亡减少 85%（图 10−1D）。这些结果表明，AIP 是 LAAO 家族中第一个拥有

ER 保留信号的成员，而 AIP 诱导的细胞凋亡主要是由 H₂O₂ 介导的（图 10–2）。

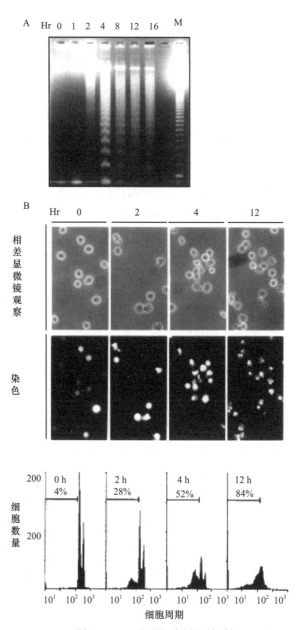

图 10–2　AIP 对细胞凋亡的诱导

将 HL–60 细胞与 20ng/mL 的 AIP 孵化指定时间（h）。A：从细胞中制备细胞总 DNA 并在 2% 琼脂糖凝胶上电泳；M，123 bp 的 DNA 梯形标记。B：用 1% 戊二醛固定细胞，用 Hoechst 33258 染色，并在相差显微镜和荧光显微镜下观察。C：细胞用 70% 乙醇固定，用 RNase A 处理，用碘化丙啶染色，并进行流式细胞分析

　　肠道感染异尖线虫会导致动物对 Th2 型的免疫反应两极分化。Th2 细胞因子，特别是 IL-4，在宿主抵御异尖线虫感染中发挥核心作用。在鱼类中，也有可能由胃肠道异尖线虫的感染诱导出类似 Th2 的免疫反应。如果是这样的话，可以推测 AIP 的诱导与鱼类在异尖线虫感染后 Th2 样细胞因子水平的升高有关（图 10–3），并且这种诱导发生的方式类似于如图 10–1 所示的对哺乳动物 IL–4 的反应。然而，预测的如图 10–1 所示的蛋白不具有 ER

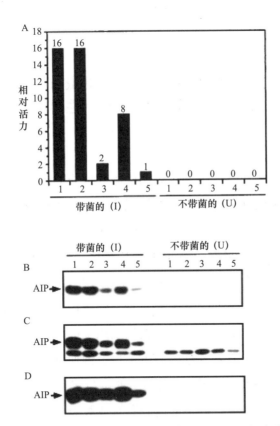

图 10–3　AIP 的诱导取决于异尖线虫幼虫（*A. simplex*）的感染

用 100 kDa 分子质量截留膜超滤浓缩 5 条感染异尖线虫的鲐鱼（I1~I5）和 5 条未感染的鲐鱼（U1~U5）的内脏提取物，并进行细胞溶解活性检测或免疫印迹分析。A：在 96 孔微孔板中，将 HL–60 细胞与每种内脏提取物以相同的蛋白浓度和相同的稀释系列培养 12 h。所列的相对活性是通过比较每个中位数的细胞溶解剂量与 I5 的稀释倍数来计算。I5 的中位细胞溶解剂量被认为是等于 1。未感染的鲐鱼内脏提取物在使用的最大浓度（1 mg/mL）下没有显示出诱导细胞凋亡的活性；其相对活性表示为 0。B：每种提取物共 200 μg 经 SDS–PAGE 分析，并使用抗 AIP mAbs 进行免疫印迹分析。C：用抗 AIP mAb 免疫沉淀每种提取物共 500 μg，并用抗 AIP 免疫印迹。D：每种提取物 1 mg 与 Con A–Sepharose 孵育，用 α–甲基甘露糖苷洗脱结合的物质，用 SDS–PAGE 分析，并用抗 AIP 进行免疫印迹分析

保留信号，并且在 COS‒7 中表达的蛋白即使在比诱导凋亡所需的最低浓度高 100 倍的 AIP 浓度下也没有体外诱导凋亡活性，尽管它具有产生 H_2O_2 的活性（数据未显示）。因此，如图 10‒1 所示的蛋白似乎在功能上与 AIP 无关。虽然蛇毒 LAAO 的生理作用尚不清楚，但它的抗菌和诱导凋亡活性已被证明。LAAO 也不是 ER 瘤胃蛋白，在低于 2.5 μg/mL 的浓度下，即使在 24 h 内也不能诱导 HL‒60 细胞凋亡，而 20 ng/mL 的 AIP 在 2 h 内诱导 HL‒60 细胞凋亡（图 10‒2）。在这些方面，蛇毒 LAAO 似乎比 AIP 更类似于如图 10‒1 所示的蛋白。

五、AIP 在体内主要定位于围绕异尖线虫幼虫的包囊内腔，并在体外通过钙离子干扰，作为一种具有诱导凋亡活性的功能蛋白有效地分泌到培养基中

异尖线虫幼虫存在于内脏器官表面的腹腔或腹腔内，以及受感染的鲐鱼的肠道内。宿主感染异尖线虫幼虫的周围会形成一个包囊，以防止它们从腹腔区域迁移到各种内脏。细胞凋亡诱导活性或 AIP 在包囊中比感染异尖线虫幼虫的鲐鱼的整个内脏提取物高 400 倍（图 10‒4A 和图 10‒4B），在自由幼虫（数据未显示）或包囊内的幼虫中未检测到（图 10‒4A 和图 10‒4B）。正如 Western blotting 分析表明，AIP 是一种鱼源蛋白（图 10‒4C）。因此，AIP 是由幼虫感染的鱼产生的，似乎集中在幼虫周围的包囊中。有趣的是，在沙丁鱼的内脏提取物中没有发现细胞溶解活性，即使感染了异尖线虫幼虫（数据未显示）。在沙丁鱼中，异尖线虫幼虫的定位仅限于食道和肠道或肠壁的肌肉和腺体部分，从未在这些鱼的内脏器官或腹腔中发现幼虫，这表明早期第三阶段的幼虫没有能力穿透鱼的消化道。这些结果意味着 AIP 的诱导与宿主鱼在幼虫穿透腹腔后包裹幼虫的能力有关。

通过免疫印迹杂交实验及使用 HL‒60 细胞进行的细胞凋亡实验发现，AIP 主要存在于液体中，而不是在囊细胞中（图 10‒5A 和图 10‒5B），这表明 AIP 是从 ER 中分泌的。含有 C 端 ER 保留信号（KDEL）的蛋白质存在于 ER 腔内，

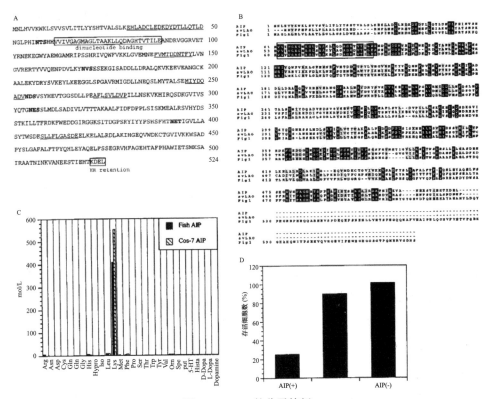

图 10-4　AIP 的分子特征

A：预测 AIP 的氨基酸序列。AIP cDNA 的核苷酸序列包含一个开放阅读框，可以编码一个 524 aa 的蛋白质，在起始密码子处有 Kozak 共识。与以前定义的功能域相似的区域被框住。与从 N 端和 V8 蛋白酶消化肽中获得的序列相对应的是下划线。潜在的 N-糖基化序列用黑体字表示。研究报告的序列已存入欧洲分子生物学实验室（EMBL）数据库，登录号为 AJ400871。B：预测的 AIP 蛋白与 svLAAO 和图 10-1 蛋白的多重比对。序列是用 Clustal 方法进行比对的。相同和相似的残基分别用黑色和浅色阴影表示。svLAAO，蛇毒 LAAO（7）；Fig 1，Fig 1（5）的缩减氨基酸序列。C：AIP 是一种新型的赖氨酸氧化酶。通过过氧化物酶 /OPD 方法测量 H_2O_2 的产生，如材料和方法中所述。鱼类 AIP，从感染幼虫的鱼类中纯化；Cos-7 AIP，在转染了 pEF-AIP 的 COS-7 细胞中表达；Hypro，羟脯氨酸；Orn，鸟氨酸；Spe，精氨酸；Put，腐胺；5-HT，5-羟色胺；Hista，组胺。D：AIP 诱导的细胞凋亡是由 H_2O_2 介导的。用 20 ng/mL 的 AIP 处理 HL-60 细胞 12h，用（AIP 1 过氧化氢酶）或不用（AIP1）1000 U/mL 过氧化氢酶。

被称为网织蛋白。主要的网织蛋白被认为在蛋白质组装和降解过程中作为分子伴侣发挥作用，并用于钙的储存。这些蛋白质在其信号肽的帮助下被转移到 ER 中，并通过从 ER 后隔室的持续检索保留在那里，这依赖于保留信号与特定受体的 pH 的相互作用。据报道，一些具有 KDEL 保留信号的蛋白质在正常条件下或通过激活依赖机制从 ER 出口到质膜或细胞外介质。为了研究 AIP 是否可以作为一个功能性分子被分泌，研究人员构建了 pSec-AIP，它含有小鼠 Ig k 链的领导序列，以取代 AIP 的信号序列，充分发挥其转入哺乳动物细胞 ER 的功能。用 pSec-AIP 和大肠杆菌 lacZ 基因共转染 NIH3T3 细胞，并对 b- 半乳糖苷酶进行染色。用蓝色鉴定转染细胞，显微镜下检测凋亡细胞。转染超过 48h 后没有观察到凋亡细胞的典型形态特征（图 10-5D），对照组 NIH3T3 细胞的 12h AIP 处理（20 ng/mL）被发现会诱发膜出血、细胞变圆和细胞脱离平板，这些都是凋亡的特征（数据未显示）。这些观察表明，AIP 在细胞内的过量表达不会导致细胞凋亡。然而，当转染的小鼠成纤维细胞被钙离子载体 A23187 处理时，AIP 作为一种具有诱导细胞凋亡活性的功能性蛋白被有效地分泌到培养基中（图 10-5E 和图 10-5F）。研究人员还发现，在同一离子团处理的细胞的培养基中，内源性 Ig 重链结合蛋白（BiP，也被称为 Grp78）的数量逐渐增加（图 10-5F）。钙离子团的这种处理已被证明能引起网织蛋白的分泌，包括 BiP、内质蛋白、蛋白二硫异构酶和钙质蛋白，可以看出，钙离子在保留系统中的作用。综上所述，这些结果表明，AIP 可能通过类似的机制从尚未确定的囊细胞中分泌到囊腔中，并且分泌的 AIP 对异尖线虫幼虫具有抵抗力。

据报道，摄取简单异尖线虫幼虫会在人类中引起一种称为异尖线虫病的寄生虫病，包括异尖线虫幼虫在内的几种线虫幼虫在中间宿主体内进行广泛迁移，迁移到内脏的幼虫会引起严重的炎症性疾病，其特征是肝肿大、嗜酸性细胞增多及高丙种球蛋白血症。宿主对寄生虫幼虫的包裹肯定会阻止它们的迁移和生长，并可能会作为对抗寄生虫幼虫感染的主要防御系统发挥作用。研究人员纯化了感染特异性 AIP 并克隆了其相应的基因。AIP 在鱼类中的诱导是寄生虫和宿主之间相互作用的结果，主要限制在异尖线虫幼虫周围的包囊中。最近有报道称，过氧化氢酶需要通过保护异尖线虫免受氧化损伤来延长优雅凯诺虫的寿命。宿主形成的包囊可能有助于将异尖线虫幼虫限制在一个区域内，在这个区域内 AIP 的表达可以强烈地抑制它们的活力和入侵宿主组织的能力。此外，由于 AIP 可能在线虫感染的抵抗力方面发挥关键作用，因此，研究人员希望这项研究能够更好地帮助了解宿主对异尖线虫幼虫防御的系统，并为开发新的更有效的手段对抗感染提供一个概念基础。

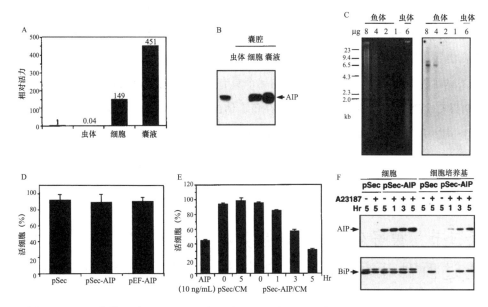

图 10–5 AIP 定位于幼虫周围的包囊，并从异尖线虫幼虫感染的鲐鱼的包囊细胞中分泌

A，AIP 在包囊中的定位的细胞溶解分析。洗涤带有异尖线虫的包囊，在 PBS 中脱帽，并在去除幼虫后分离成细胞和液体的部分。囊中的细胞和相关的异尖线虫幼虫被清洗和裂解，并收集可溶性组分用于凋亡试验。用相同浓度的每个样品处理 HL–60 细胞 12 h，通过比较每个中位数的细胞溶解剂量和 I1 的细胞溶解剂量，计算出相对活性的稀释倍数，I1 被认为等于 1，详见图 10–3A。B：AIP 在包囊中的定位的免疫印迹分析。细胞、液体和包囊中的异尖线虫幼虫如上所述被分离，通过 SDS–PAGE 分析，并用抗 AIP 免疫印迹。I1 每条泳道 200 μg；幼虫每条泳道 50 μg；细胞每条泳道 4 μg；液体每条泳道 4 μg。C：AIP 来自鱼类。用 EcoRI 消化从鲐鱼的大脑和异尖线虫幼虫中分离出的基因组 DNA，在 1% 琼脂糖凝胶上解析，转移到尼龙膜上，并与 AIP cDNA 的 1068 bp BamHI–SacI 片段进行杂交（图 10–5C 右图）。数字表示每泳道的基因组 DNA（μg）。图 10–5C 左图为同一凝胶的溴化乙锭染色。D：在细胞中过量表达 AIP 不会导致细胞凋亡。用 CMV β–半乳糖苷酶和 pEF–empty、pEF–AIP 或 pSec–AIP 与 lipofectin 共同转染 NIH3T3 细胞。转染 50 h 后，固定细胞，用 5–溴 –4– 氯 –3– 吲哚基 β–D– 半乳糖苷染色，并确定出现平坦且无任何凋亡迹象的蓝色细胞的生存率。E 和 F：外源 AIP 作为一种功能性蛋白从用钙离子载体处理的 NIH3T3 细胞中分泌出来。NIH3T3 细胞转染了 pSec–empty 或 pSec–AIP。转染后 30 h，用或不用 2 mol/L A23187 处理细胞的指定时间（h）。E：使用 HL–60 细胞对培养基（CM）样品进行细胞溶解活性检测。另外，纯化的 AIP（10 ng/mL）被用作阳性对照。F：通过 SDS–PAGE 和免疫印迹分析全细胞裂解物（细胞）和 CM，用抗 AIP（图 10–5F 上图）和抗 BiP（图 10–5F 下图）（Santa Cruz Biotechnology，Santa Cruz，CA）进行分析

六、小结

在研究海产品对细胞生长的影响时，研究人员发现鲐鱼（一种海洋鱼类）的内脏提取物对多种哺乳动物肿瘤细胞具有强烈的诱导凋亡作用，且呈剂量依赖性。

这一活性明显依赖简单异尖线虫幼虫对鲐鱼的感染。在纯化了具有诱导凋亡活性的蛋白后，研究人员克隆了相应的基因，发现它是一种黄素蛋白。该蛋白被称为凋亡诱导蛋白（AIP），其具有内质网滞留信号（C- 末端 KDEL 序列）并且能产生 H_2O_2 的活性，这表明研究人员分离到一个具有细胞凋亡诱导活性的新型网织蛋白。AIP 只有在感染异尖线虫幼虫后才能在鱼类体内诱导，并定位在幼虫周围形成的包囊上，以防止它们迁移到宿主组织。研究结果表明，AIP 可能具有阻止线虫感染的功能。

第二节　被寄生虫感染的鱼类凋亡诱导蛋白 AIP（LAAO）通过两种不同的分子机制诱导哺乳动物细胞凋亡

细胞凋亡是多细胞生物体正常发育和维持内环境平衡所必需的生理性死亡。细胞凋亡是指新近死亡的细胞所表现出的形态变化，包括细胞收缩、膜出血和染色质凝聚。据报道，多种刺激可以诱导多种哺乳动物细胞系统的凋亡。这些措施包括通过配体或激动型抗体连接 Fas、肿瘤坏死因子受体和其他死亡受体，剥夺生长因子，以及电离辐射、紫外线照射和抗癌药物等细胞毒性刺激。最近，除了这些特征明显的刺激外，蛇毒中的一些 L - 氨基酸氧化酶（LAAO）可以诱导哺乳动物细胞系的凋亡，如响尾蛇毒中的载脂蛋白 I。LAAO 可能在蛇毒引起的细胞凋亡中起一定作用。

LAAO（EC 1.4.3.2）是一种二聚体黄素蛋白，它能特异性催化 L - 氨基酸底物立体脱氨为氨基酮酸，同时产生 NH_3 和 H_2O_2。研究人员最近从感染异尖线虫的鲭鱼中克隆了一个新的凋亡诱导蛋白（AIP），该蛋白与 LAAO 在结构上是同源的，并且该蛋白在体外也能催化一些 L - 氨基酸，特别是能氧化 L - 赖氨酸产生 H_2O_2，这表明 AIP 属于 LAAO 家族。由于 AIP 是专门从寄生虫被限制在蛏鱼体内的胶囊中的液体里提纯出来的，因此人们推测 AIP 参与了对寄生虫的防御，但其实际作用尚不清楚。由于阐明 AIP 诱导细胞凋亡的分子机制可能有助于更好地理解 AIP 的生理作用，因此研究人员利用 AIP 研究了细胞凋亡的分子基础，并证明 AIP 诱导的细胞凋亡不仅是由 H_2O_2 介导的，而且是由赖氨酸（一种必需的氨基酸）的迅速耗尽所介导的，这表明 AIP 耗尽赖氨酸可能通过抑制寄生虫的成熟和 / 或生长这种方式而在宿主防御中发挥重要作用。

一、重组 AIP 蛋白的表达和纯化

为了研究 AIP 诱导细胞凋亡的分子机制，研究人员利用杆状病毒表达系统制备了纯化的重组 AIP 蛋白。在感染了编码 AIP cDNA 的杆状病毒的昆虫细胞中，通过抗 AIP mAb 的 Western blotting 来确定 AIP 蛋白的表达（图 10-6A）。

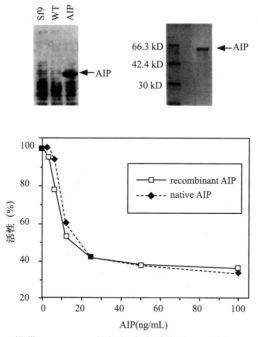

图 10-6 携带 AIP cDNA 的杆状病毒感染的 Sf9 重组 AIP 的纯化

在杆状病毒表达系统中获得重组 AIP，并用顺序柱层析进行纯化。A：用抗 AIP 单抗和裂解物对 Sf9 细胞（Sf9）、野生型杆状病毒（WT）感染的 Sf9 细胞和携带 AIP cDNA（AIP）的 Sf9 细胞进行 Western blotting 分析。B：对纯化的重组 AIP 进行 SDS-PAGE 分析和银染检测。C：用 MTS 比色法（Promega）分析纯化的鲐鱼 AIP（天然 AIP）和 Sf9 细胞 AIP（重组 AIP）的细胞杀伤活性

在昆虫细胞中表达的重组 AIP 通过顺序柱色谱法进行纯化，并通过十二烷基硫酸钠 – 聚丙烯酰胺凝胶电泳（SDS – PAGE）确认纯度（图 10–6B）。将纯化的重组 AIP 与从感染异尖线虫的鲭鱼中纯化的天然 AIP 的诱导凋亡活性进行了比较。图 10–6C 清楚地表明，重组 AIP 与天然 AIP 具有相同的特异性活性。

二、H₂O₂ 介导 AIP 诱导的快速细胞凋亡

在氨基酸序列上，AIP 与 L – 氨基酸氧化酶（LAAO）具有显著同源性，表明 AIP 本身具有 LAAO 活性。事实上，AIP 显示出 LAAO 活性，通过氧化包括 L – 赖氨酸在内的几种 L – 氨基酸而产生 H_2O_2。为了阐明 AIP 的凋亡诱导活性是否与 LAAO 活性相关，研究人员在 RPMI1640 培养基中对 AIP 诱导的 H_2O_2 进行了定量。当 AIP 浓度为 100 ng/mL 时，2 h 内可产生 80 mmol/L 以上的 H_2O_2（图 10–7A），足以诱导 HL–60 细胞凋亡（数据未显示）。通过研究抗氧化剂、过氧化氢酶和 N – 乙酰半胱氨酸（NAC）对 AIP 诱导的细胞凋亡的影响，以确定 AIP 是否由 H_2O_2 介导。AIP 作用 6 h 后，用流式细胞仪和琼脂

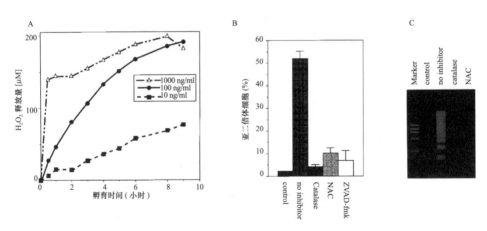

图 10–7　AIP 诱导的快速细胞凋亡分析

A：在 RPMI1640 培养基中孵育 AIP 产生 H_2O_2：将重组 AIP 与含有过氧化物酶和 OPD 的 RPMI1640 孵育一段时间，如材料和方法所述。B 和 C：AIP 诱导的细胞快速凋亡是由 RPMI1640 培养基中产生的 H_2O_2 介导的。HL–60 细胞经 5000 units/ml 过氧化氢酶、10 mmol/L NAC 或 200 μmmol zVAD–fmk 预处理 1 h 后，分别加或不加（对照）100 ng/mL AIP 培养 6 h，L 流式细胞仪（FACS）检测亚二倍体细胞凋亡百分率，DNA 片段化分析（按材料与方法（C）所述）

糖凝胶电泳检测亚二倍体 DNA 的凋亡细胞，发现抗氧化剂完全抑制 AIP 诱导的细胞凋亡（图 10-7B，图 10-7C）。这些结果表明，AIP 诱导的细胞快速凋亡是由 H_2O_2 介导的。

三、AIP 也可以诱导不依赖 H_2O_2 的细胞死亡

然而，有趣的是，研究人员发现 AIP 在过氧化氢酶存在下孵育 24 h 后可以诱导 HL-60 细胞凋亡。如图 10-8A 和图 10-8B 所示，在过氧化氢酶存在下，100 ng/mL 的 AIP 在 8 h 内不能诱导 HL-60 细胞凋亡，但在孵育 10 h 后开始出现细胞凋亡。在有 NAC 而不是过氧化氢酶的情况下也得到了同样的结果（数据未显示），表明这种延迟的细胞凋亡不是由 H_2O_2 介导的。在培

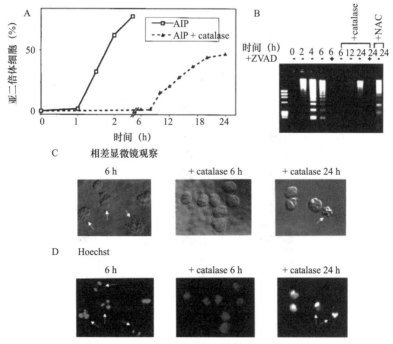

图 10-8　AIP 诱导的延迟性细胞凋亡分析

HL-60 细胞在 37℃预培养，加或不加 5 000 units/mL 过氧化氢酶、10 mmol/L NaC 或 200μmmol/L Z-VAD-fmk，然后用 100 ng/ml AIP 培养不同时间。FACScan 流式细胞仪（图 10-8A）检测亚二倍体细胞，定量计算凋亡细胞百分率。琼脂糖凝胶电泳（图 10-8B）分析 DNA 片段化。在相差显微镜（图 10-8C）下观察 AIP 处理的 HL-60 细胞是否存在过氧化氢酶。用 Hoechst 33528 对细胞核进行染色，并对染色的细胞核进行拍照（图 10-8D）

养基中加入 L - 赖氨酸完全阻断了后者的凋亡，而 L - 赖氨酸与 LAAO 一样是 AIP 的最佳底物，表明通过 AIP 处理降低培养基中 L - 赖氨酸的浓度诱导了凋亡。这种延迟的细胞凋亡伴随着 DNA 断裂（图 10-8B）、形态学改变，如膜出血（图 10-8C）和染色质凝聚（图 10-8D），这些都是细胞凋亡的典型特征。此外，半胱氨酸天冬氨酸蛋白酶抑制剂 z-VAD-fmk（图 10-8B）可以阻止晚期细胞凋亡，后者是众所周知的抑制细胞凋亡的药物。AIP 还能诱导 HL-60 细胞产生的 H_2O_2 抗性细胞株 HP100-1 发生凋亡。100 ng/mL 的 AIP 孵育 24 h 后，HP100-1 细胞出现凋亡，而 1 mmol/L H_2O_2 孵育 24 h 后，HP100-1 细胞未见细胞凋亡（图 10-9A 右图）。以上结果表明，AIP 通过两种不同的机制诱导细胞凋亡，一种是快速的，依赖于 H_2O_2；另一种是缓慢的，不依赖于 H_2O_2。

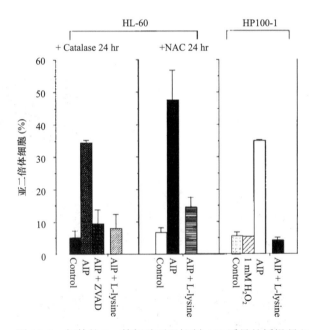

图 10-9　额外的 L - 赖氨酸可以抑制 AIP 诱导的缓慢凋亡

用过氧化氢酶（左图）或 NAC（中图）预处理 HL-60 细胞 1 h，然后在有或没有 200 μM z-VAD-fmk 或 1 mg/mL L - 赖氨酸的情况下用 100 ng/mL AIP 培养 24 h。亚二倍体细胞的百分比用 FACScan 流式细胞仪进行量化。HP100-1 是来自 HL-60 的抗 H_2O_2 细胞系，在有或没有 1 mg/mL L - 赖氨酸的情况下，用 1 mmol/L H_2O_2 或 100 ng/mL AIP 培养 24h，然后用 FACScan 流式细胞仪进行分析（右图）。数据代表 3 个独立实验的平均值 +S.D.（条）

四、AIP 诱导的延迟性细胞凋亡是由 L－赖氨酸耗竭介导

由于 AIP 是通过破坏作为主要底物的 L－赖氨酸产生 H_2O_2，因此研究人员推测 AIP 诱导的延迟凋亡是由于培养基中的 L－赖氨酸迅速耗尽所致。研究人员分析了过量的 L－赖氨酸对 AIP 诱导的延迟凋亡的影响。当过量的 L－赖氨酸（1 mg/mL）和抗氧化剂（过氧化氢酶或 NAC）在与 AIP 共同孵育之前，HL–60 细胞的快速性和延迟性凋亡均被明显抑制（图 10-9 左图和中图）。此外，加入过量的 L－赖氨酸也能完全阻断 AIP 诱导的 HP100–1 细胞凋亡（图 10-9 右图）。

为了证实 AIP 诱导的迟发性细胞凋亡是通过快速消耗培养基中的 L－赖氨酸介导的，研究人员设计了以下实验：将含 10%FBS 的 RPMI1640 培养基（RPMI+FBS）与 100 ng/mLAIP 和过氧化氢酶预孵育 24 h，然后在 80℃加热 30 min 使 AIP 的 LAAO 活性失活。然后，分析这种既不含 H_2O_2 又不含活性 AIP 的条件培养基诱导 HL–60 细胞凋亡的活性。图 10–10A 和图 10–10B 显示 HL–60 细胞在 37℃条件培养液中培养 24 h 后发生凋亡。有趣的是，在条件培养基中加入 40 mg/mL 的 L－赖氨酸可完全抑制细胞凋亡，而其他必需氨基酸不能抑制细胞凋亡。未预孵育热灭活的对照 RPMI+FBS 培养液未显示出诱导细胞凋亡的活性，说明热灭活的 AIP 中残留的 LAAO 活性不能诱导细胞死亡。此外，细胞在预热温度为 80℃的 RPMI+FBS 中生长正常，说明在此温度下加热的培养基对细胞生长无明显影响。

为了直观地显示 AIP 对培养基中 L－赖氨酸的消耗，研究人员分析了在过氧化氢酶存在的条件下，AIP 处理 24 h 后培养基中氨基酸水平的变化。如图 10–10C 和图 10–10D 所示，在 AIP 处理的培养基中，L－赖氨酸被特异性地耗尽，而其他氨基酸的水平没有明显变化。然后，研究人员用 RPMI1640 选择胺试剂盒（Life Technologies，Gaitherburg，MD，USA）检测不含 L－赖氨酸的合成培养基是否能诱导细胞凋亡。图 10–10E 显示，HL–60 细胞在 37℃培养 24 h 后，观察到与凋亡相关的 DNA 片段化，合成的 RPMI1640 不含 10% FBS 的 L－赖氨酸，对 PBS 进行透析。以上结果表明，AIP 诱导的迟发性细胞凋亡是由于培养

基中赖氨酸的耗竭所致。

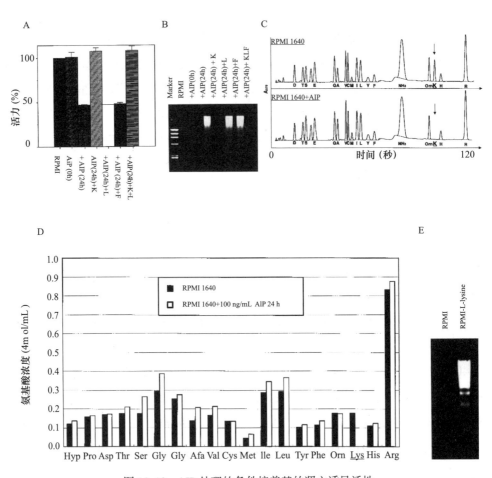

图 10–10　AIP 处理的条件培养基的凋亡诱导活性

条件培养基制备如下。在含 10% FBS 的 RPMI1640 中加入 100 ng/mL 的 AIP，在 [AIP（0h）] 预孵育前或在 [AIP
（24 h）] 预孵育 24 h（37℃）后，在 80℃加热 30 min 使 AIP 失活。HL–60 细胞经 PBS 洗涤两次后，用 AIP 处理后
的热灭活条件培养液，分别加入或不加入 40 mg/mlL – 赖氨酸（K）、50 mg/mlL – 亮氨酸（L）、15 mg/mlL – 苯丙氨
酸（F）或它们的组合（K+L+F）培养 24 h，观察不同浓度 L– 赖氨酸（K）、50 mg/ml L – 亮氨酸（L）、15 mg/ml
L – 苯丙氨酸（F）对 HL–60 细胞增殖的影响。A：用四甲基偶氮唑盐比色法（Promega）分析细胞活力；B：提取
细胞 DNA，2% 琼脂糖凝胶电泳分析。C 和 D：RPMI1640 含 10% 胎牛血清的 HL–60 细胞培养基加或不加 100 ng/
mL 的 AIP 在过氧化氢酶存在下孵育 24 h，然后按照材料和图 10–10C 的说明监测培养液中剩余的氨基酸水平。图
中显示了氨基酸的标准一个字母符号，'orn' 表示鸟氨酸。用或不加 100 ng/mL AIP 孵育 24 h 的培养液中的氨基酸
浓度按材料与图 10–10D 所述进行定量。'hyp' 表示羟脯氨酸。E：用 PBS 洗涤 HL–60 细胞，然后用含 10% FBS
的不含 L– 赖氨酸的人工合成 RPMI1640 透析 PBS，在 37℃培养 24 h。培养 24 h 后，从细胞中提取 DNA，琼脂糖
凝胶电泳检测 DNA 片段。

五、细胞凋亡的快速和延迟均与线粒体细胞色素释放和 caspase–9/–3 活化有关

研究人员进一步研究了 AIP 诱导快速和延迟的细胞凋亡的分子机制。在这两种情况下，细胞凋亡明显伴随着 caspase–3 的激活（图 10–11A）。这些结果与 Caspase 抑制剂 Z–VAD–fmk 抑制这两条凋亡途径的发现（图 10–11B 和图 10–9）可以清楚地表明，AIP 诱导的细胞快速与延迟凋亡是由激活的 caspases 介导的。

然后，研究人员研究了在快速和延迟凋亡中激活 caspase–3 所使用的信号类

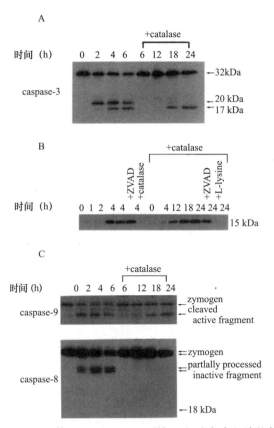

图 10–11　AIP 诱导线粒体 caspase–3/–8/–9 裂解和细胞色素释放的免疫印迹分析

HL–60 细胞与 200 μmol/L Z–VAD–fmk 或 1 mg/mL L–赖氨酸孵育，然后用 100 ng/mL AIP 加或不加 5000 units/mL 过氧化氢酶处理。细胞裂解物（30 mg/ 泳道）经 15% 聚丙烯酰胺凝胶电泳分离，用抗 caspase–3 抗体（图 10–11A）进行免疫印迹分析。可溶性胞浆部分（10 mg/ 泳道）电泳后，用抗细胞色素 c 单抗（图 10–11B）进行免疫印迹分析。细胞裂解产物（30 mg/ 泳道）用 12% PAGE 分离，用抗 caspase–8 或抗 caspase–9 抗体（图 10–11C）进行免疫印迹分析

型。图 10–11B 显示细胞色素从线粒体向胞浆释放的同时会伴随 AIP 诱导的快速和延迟凋亡，且不受 zVAD–fmk 的抑制，表明这种释放是在 caspases 激活的上游诱导的。由于细胞色素释放是 APAF–1 激活 caspase–9 时所必需的，研究人员用 Western blotting 分析了 caspase–9 的激活。在 AIP 诱导的细胞凋亡过程中，Caspase–9 在两条通路上都被激活（图 10–11C）。研究人员还检测了另一种启动子 caspase–8 在 AIP 诱导的细胞凋亡中是否被激活。如图 10–11C 所示，虽然在 AIP 诱导的 H_2O_2 依赖的凋亡中观察到 caspase–8 的部分处理，但在 AIP 诱导的凋亡中没有观察到 caspase–8 的活性 p18 片段。与 AIP 诱导的细胞凋亡相比，caspase–8 依赖的 Fas 诱导的细胞凋亡中可以清晰地检测到活化的 p18 片段。这些结果表明，AIP 可以通过两种不同的分子机制诱导不同细胞的凋亡，但这两种机制都是通过 APAF–1/caspase–9/ 细胞色素系统激活 caspase 的级联反应。

六、Bcl–2 可阻断细胞的快速凋亡和延迟凋亡

为了支持 AIP 诱导细胞的快速和延迟凋亡都需要依赖线粒体途径这一观点，研究人员利用人淋巴瘤细胞株 HPB–ALL 及其 Bcl–2 过表达细胞株 HPB–ALL/Bcl–2，分析了 Bcl–2 是否能抑制 AIP 诱导的细胞凋亡。Western blotting 证实 HPBALL/Bcl–2 细胞强表达 Bcl–2 蛋白（图 10–12A）。Annexin V–FITC 和 PI 染色检测到 AIP 处理的细胞凋亡（图 10–12B）。Annexin V–FITC 可识别凋亡细胞表面暴露的磷脂酰丝氨酸，PI 不染色早期凋亡细胞，但会染色晚期凋亡细胞与坏死细胞。200 ng/mL AIP 作用 6 h 后，27.8% 的细胞 Annexin V–FITC 阳性，PI 阴性（早期凋亡细胞）。200 ng/mL AIP 与 5000 units/mL 过氧化氢酶共同孵育 48h 后，Annexin V–FITC 阳性而 PI 阴性的细胞占 11.0%。相反，Annexin V–FITC 染色不能检测到 HPB–ALL/Bcl–2 细胞中 H_2O_2 依赖和非依赖 AIP 诱导的凋亡（图 10–12B）。通过 Hoechst 染色检测的 DNA 裂解和核断裂的分析也得到了基本相同的结果（数据未显示）。这些数据有力地表明，AIP 诱导的快速和延迟凋亡都是通过 Bcl–2 抑制的线粒体依赖途径介导的。

研究人员从感染异尖线虫（*Anisakis simplex*）幼虫的鲭鱼中纯化并克隆了

一个新的凋亡诱导蛋白（AIP）。从克隆的 cDNA 推导出 AIP 的氨基酸序列，表明 AIP 是 L−氨基酸氧化酶（LAAO）的成员。AIP 具有催化 L−赖氨酸氧化的 LAAO 活性。在这篇报道中，研究人员再次证实了 AIP 的快速诱导凋亡活性是由培养基中 L−氨基酸催化氧化产生的 H_2O_2 介导的。然而，研究人员也发现当过氧化氢酶破坏 H_2O_2 时，AIP 显示出诱导细胞凋亡的活性，其时间过程有所延迟。这种与 H_2O_2 无关的延迟凋亡诱导活性是由培养基中 L−赖氨酸的耗尽所介导的。因此，AIP 可通过两种不同的分子机制诱导多种细胞凋亡。

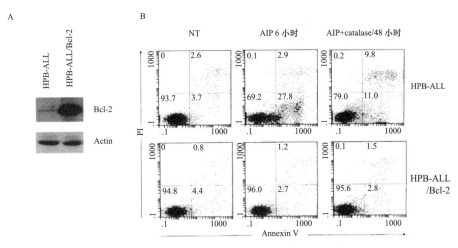

图 10–12　Bcl–2 可以抑制 AIP 诱导的细胞凋亡

A：将 HPB–ALL 和 HPB–ALL/Bcl–2 细胞的等量细胞裂解液（50 mg/lane）用 SDS–PAGE 分离，用抗 Bcl–2 抗体进行免疫印迹分析。B：用 200 ng/mL AIP 处理 HPB–ALL 和 HPB–ALL/Bcl–2 细胞 6 h（AIP 6 h），或在 5000 units / mL 过氧化氢酶存在下处理 48 h（AIP 48 h），然后用 MEBCYTO–Apoptosis Kit（Medical & Biological Laboratories）通过 Annevin V 结合和 PI 染色测量凋亡细胞。NT；未用 AIP 处理。图中显示了各自部分的比例（%）

此前，研究人员发现，从韩国蛇毒中提纯的 LAAO 可诱导哺乳动物细胞凋亡，表明 LAAO 诱导细胞凋亡的机制与 H_2O_2 诱导的细胞凋亡机制不同。研究人员推测，他们观察到的细胞凋亡也可能是由于培养基中 L−氨基酸的耗尽所致。

研究人员发现培养液中 L−赖氨酸的耗尽可以引起 HL–60 细胞的凋亡。先前的几项研究表明，一种特定氨基酸的耗尽会导致细胞凋亡。据报道，分解 L−天冬酰胺的 L−天冬酰胺酶能有效地清除某些淋巴瘤细胞，可以用作抗癌剂，L−天冬酰胺耗竭可导致某些淋巴瘤细胞凋亡。此外，最近的研究表明，分解色氨酸的吲哚胺 2，3– 二氧杂酶（IDO）可通过清除特定类型胎儿的母体免疫细胞，在预防同种异体胎儿排斥反应中发挥重要作用。研究人员怀疑 L– 天冬酰胺酶和 IDO 分别诱导淋巴瘤细胞和免疫细胞凋亡。事实上，干扰素 – g 诱导 IDO 的诱导可导致表达 IDO 的细胞凋亡。因此，通过耗尽特定氨基酸诱导的凋亡是具有清除癌细胞和防止同种异体胎儿排斥反应等生理作用的。AIP 在防止鲭鱼感染异尖线虫等寄生虫方面也可能起到生理作用。事实上，在异尖线虫周围的荚膜内腔中发现了大量的 AIP，而异尖线虫停留在幼虫Ⅲ阶段，没有成熟。AIP 可抑制异尖线虫囊腔的成熟，尽管 AIP 没有直接诱导这种抑制作用。

研究人员分析了 AIP 的靶细胞特异性，发现 AIP 可诱导多种培养的人体细胞和小鼠细胞凋亡，包括淋巴样细胞、成纤维细胞和上皮细胞。AIP 的两种不同的凋亡诱导机制可能赋予了广泛的靶细胞特异性。据报道，一些淋巴瘤细胞可以产生抗氧化分子。例如，人类 T 细胞白血病病毒Ⅰ型感染细胞和人类急性淋巴细胞白血病细胞系 CEM 分别分泌硫氧化合物和过氧化氢酶。AIP 仍可能通过 H_2O_2 非依赖性机制诱导产生各种抗氧化分子的细胞凋亡。AIP 实际上诱导了过表达过氧化氢酶的 HP100–1 细胞、耐受 H_2O_2 诱导的细胞死亡（图 10–9）和一些 ATL 来源的细胞系（数据未显示）的凋亡。因此，即使癌细胞表现出抗氧化活性，AIP 或 AIP 同系物仍可能在临床上用于诱导癌细胞凋亡。

这些研究表明，AIP 的两种诱导细胞凋亡的活性都是由线粒体释放的细胞色素 c 在激活 caspases 的上游介导的。释放的细胞色素 c 在 Apaf–1 的帮助下激活了 caspase–9，而激活的 caspase–9 又诱导了 caspase–3 和其他下游 caspase 的激活。据报道，激活的半胱氨酸天冬氨酸蛋白酶通过裂解 PARP、MST 和 ICAD/DFF–45 等死亡底物直接诱导细胞凋亡。AIP 可诱导两种不同的凋亡信号：H_2O_2 的产生和 L– 赖氨酸的耗尽，这两种信号在线粒体释放细胞色素 c 的过程中汇聚在一起。关于它们是如何诱导细胞色素 c 释放的，目前尚无定论。

七、小结

凋亡诱导蛋白（AIP）是从感染了简单异尖线虫幼虫的鲭鱼中纯化和克隆

的一种蛋白，可诱导包括人类肿瘤细胞在内的多种哺乳动物细胞凋亡。AIP 在结构和功能上与 L–赖氨酸等 L–氨基酸的 L–氨基酸氧化酶（LAAO）具有同源性，AIP 的 LAAO 活性所产生的 H_2O_2 可能介导了 AIP 诱导的细胞凋亡。在研究中，研究人员证实了重组 AIP 在培养基中可以产生足够的 H_2O_2 来诱导细胞快速凋亡，这种凋亡在过氧化氢酶和乙酰半胱氨酸等抗氧化剂的共同培养下被明显地抑制。然而，令人惊讶的是，研究人员发现在 HL–60 细胞中，即使在有抗氧化剂的情况下，AIP 仍能比 H_2O_2 依赖性凋亡诱导得更慢。此外，HL–60 细胞系 HP100–1 是一种抗 H_2O_2 的突变体，在 AIP 作用下也发生了类似的延迟时间过程的凋亡。在培养基中加入 L–赖氨酸完全阻断了后者的凋亡，而 L–赖氨酸与 LAAO 一样是 AIP 的最佳底物，说明 AIP 降低培养液中的 L–赖氨酸浓度可诱导细胞凋亡。AIP 诱导的细胞凋亡与线粒体细胞色素释放和 caspase–9 活化有关，通过表达 Bcl–2 可抑制 AIP 诱导的细胞凋亡。这些结果表明，AIP 通过两种不同的机制诱导细胞凋亡：一种是快速的，由 H_2O_2 介导。另一种是通过剥夺 L–赖氨酸而延迟的，这两种机制都利用 caspase–9 细胞色素系统。

第十一章　石斑鱼 L-氨基酸氧化酶研究

第一节　赤点石斑鱼 L-氨基酸氧化酶基因的鉴定

L-氨基酸氧化酶（LAAO；EC 1.4.3.2）是一种同二聚酶，每个亚基获得一个非共价结合的黄素腺嘌呤二核苷酸（FAD）作为辅因子。该酶催化 L-氨基酸底物的立体定向氧化脱氨，产生相应的 α-酮酸、氨和过氧化氢。催化包括两个反应。在还原半反应中，氨基酸底物 α-碳原子上的一个氢化物离子转移到 FAD 的异氧嗪环上，导致亚胺酸的形成和 FAD 的还原。亚胺酸中间体接下来经过非酶水解，得到 α-酮酸和氨。在接下来的氧化反应中，还原后的 FAD 被分子氧再氧化生成过氧化氢，催化作用完成。LAAO 酶在自然界中广泛存在于不同类群的不同生物中，包括细菌、霉菌、藻类、昆虫、软体动物、鱼类、蛇和哺乳动物。在这些不同的生物体中，LAAO 主要通过氧化（或消耗）底物氨基酸、产生有毒的过氧化氢或两者兼有表现出各种生物效应。在微生物中，这类酶主要参与氨基酸分解代谢，为细胞提供氮源；在动物中，来自蛇毒的 LAAO 可能是研究得最充分的。这些酶是蛇毒的主要成分，并解释了蛇毒的毒性作用，包括水肿、血小板聚集/抑制、出血和抗凝血。此外，这些酶具有抗菌、抗病毒、抗真菌和原虫活性。许多动物 LAAO 表现出这种免疫或防御相关的活动。例如，LAAO 似乎是软体动物对抗微生物感染的重要防御分子；巨型非洲蜗牛黏液中的 LAAO 以及海兔蛋白腺、卵和防御油墨中的 LAAO 显示出抗菌活性。在哺乳动物中，鼠乳 LAAO 显示出抗菌特性，可防止乳腺细菌感染。IL4I1（il-4 诱导基因-1）是在小鼠和人类中都发现的一种哺乳动物 LAAO，具有抗菌活性，更重要的是，这种酶可以作为一种免疫调节剂，通过微调适应性免疫反应。

不同来源的 LAAO 酶的底物特异性差异很大。大多数 LAAO 具有广泛的底物特异性，如不透明红球菌的 LAAO 能够氧化 43 种测试 L-氨基酸中的 39 种。一些 LAAO 表现出较窄的底物特异性，催化特定氨基酸子集的氧化。例如，蛇毒的 LAAO 大多表现出对疏水氨基酸和芳香族氨基酸的底物偏好，淡水蓝藻的 LAAO 仅作用于基本的 L-氨基酸。最后，LAAO 只优先氧化一个氨基酸。例如，枯草芽孢杆菌的 LAAO 只氧化 L-Gly、L-Glu、L-Lys 和 L-Phe。有趣的是，所有研究过底物特异性的鱼类 LAAO 都对 L-Lys 表现出严格的偏好。

在硬骨鱼中发现了许多 LAAO。第一种 LAAO 是从感染了异尖线虫幼虫的鲭鱼中鉴定出来的，由于其诱导凋亡的活性，被命名为凋亡诱导蛋白（apoptosis-inducing protein，AIP）。AIP 与蛇毒 LAAO 有 41% 的整体同一性。其 LAAO 活性被证实能够通过氧化一些 L-氨基酸，特别是 L-赖氨酸产生过氧化氢。随后，Murakawa 等（2001）证明，AIP 的凋亡诱导活性不仅由过氧化氢介导，还由 L-Lys 的剥夺介导，因此，作者假设 AIP 可能通过限制 L-Lys 对寄生虫的可用性来参与宿主对寄生虫感染的防御。随后，从黏液中分离出另一种鱼 LAAO。

与 AIP 相似，许氏平鲉 LAAO（SsLAAO）更倾向于使用 L-Lys 作为底物。SsLAAO 对几种革兰氏阴性菌有抑制活性，但对革兰氏阳性菌无抑制活性，其抑菌活性可归因于产生的过氧化氢。Kitani 等（2010）进一步从许氏平鲉的血清中纯化了另一种 LAAO，该血清也使用 L-Lys 来达到抗菌条件。与黏液 SsLAAO 不同，血清 SsLAAO 具有广泛的抗菌活性，对革兰氏阳性菌和革兰氏阴性菌都有效。其他几种鱼类 LAAO 也有报道，分别是牙鲆、棘头床杜父鱼、黄斑蓝子鱼和大西洋鳕鱼。上述鱼类 LAAO 均在免疫系统中发挥重要作用，对细菌或寄生虫的反应，L-Lys 是最有利的底物。石斑鱼是我国台湾地区及东南亚最重要的水产产品之一。在这项研究中，报道了一种新的鱼 LAAO 基因 EcLAAO2 的克隆和特征，命名为橙斑石斑鱼（*Epinephelus coioides*）。研究了聚（I：C）或脂多糖（LPS）胁迫下石斑鱼 EC LAAO2 mRNA 的器官分布，并分析了其在几种免疫器官中的表达水平变化。利用杆状病毒表达体系纯化的重组蛋白进行生化鉴定，确定其 LAAO 酶活性、底物偏好和抗菌性能。最后，研究人员建立了蛋白质模型来预测 EcLAAO2 的三维结构，并了解 EcLAAO2 如何使用不同于其他已知鱼类 LAAO 的氨基酸底物。

来自脾转录组的 378 bp 序列被注释为 LAAO 同源物。在此基础上，进行 5′/3′ RACE 分离 EcLAAO2 cDNA 全长序列。EcLAAO2 cDNA 全长 3030 bp，其中 5′ untranslation region（UTR）120 bp，开放阅读框（ORF）1 536 bp，3′ UTR 1374 bp。3′ UTR 包含一个推测的多聚腺苷酸信号 TATAAA，位于 poly（A）尾上游 19 bp 处。EcLAAO2 ORF 编码的多肽由 511 个氨基酸组成，计算分子质量和 pI 值分别为 56.7 kDa 和 6.29。氨基酸序列分析表明，预测蛋白含有 28 个氨基酸残基，一个 NAD（P）结合 Rossmann–like 域（58~133；6 个 n – 糖基化位点（165~168、218~221、276~279、289~292、295~298 和 311~314）。核苷酸和推导出的氨基酸序列已提交到 NCBI GenBank 数据库，登录号为 KT313004。利用 BLASTP 对 NCBI nr 数据库进行同源性比对，结果表明 EcLAAO2 与硬骨鱼 LAAO 的同源性较高，其中与 Lates calcarifer（XP_018557222 和 XP_018557232）和 Amphiprion ocellaris（XP_023130421）的同源性为 91%，与 Perca flavescens（XP_028429287）的 LAAO 同源性为 89%。注意到 NCBI GenBank 数据库中已经有一个 E. coioides LAAO（AGQ48130），而这两个 EcLAAO 的同源性仅为 58%（相似度为 69%），表明 E. coioides 至少有两个不同的 LAAO 基因。因此，将基因命名为 EcLAAO2，因为它似乎是提交到 NCBI GenBank 数据库的第二个 EcLAAO 基因。为了确定 EcLAAO2 与其他动物 LAAO 之间的进化关系，使用 MEGA 6.0 和邻居连接法构建了系统发育树。分析将 LAAO 分为四大类：鱼、蛇、哺乳动物和腹足类。正如预期的那样，EcLAAO2（箭头所示）与其他鱼类 LAAO 聚集在一起，形成鱼类群。然而，在鱼类群中，鱼类 LAAO 实际上形成了两个相邻的分支，具有很强的自举支持（100%）。这两个石斑鱼 LAAO 被划分为不同的进化枝：AGQ48130 EcLAAO（星号标记）属于进化枝 1，EcLAAO2 属于进化枝 2。进化枝 1 包括其他 10 种 LAAO，值得注意的是，其中 6 种（用三角形表示）仅使用 L–Lys 作为氧化底物。进化枝 2 含有 7 个鱼类 LAAO，除 EcLAAO2 外，其余均未鉴定出功能特征；然而，在本研究中，研究人员发现 EcLAAO2 能够同时氧化 L–Trp 和 L–Phe。

为了研究 EcLAAO2 基因在正常鱼体内的表达规律，从鱼的鳍、鳃、心脏、头部、肾、肠、肝、脾和胃 9 个器官中提取总 RNA，并进行定量 RT–PCR 分析。可以看出，EcLAAO2 转录本在所有分析器官中均有不同表达水平的表达量。EcLAAO2 在鳍、鳃和肠中表达量较高，而在心脏、头部、肾、肝、脾和胃中表达量较低。结果表明，虽然每种鱼 LAAO 的表达谱不同，但皮肤、鳃和肠等黏膜免疫器官似乎是 LAAO 的主要表达部位，表明 LAAO 对黏膜免疫有重要作用。然而，LAAO 的表达并不局限于黏膜外器官；其他内脏器官，如肝、肾和脾也表达 LAAO，这表明 LAAO 应该具有其他免疫作用。鳍、鳃、肠是暴露在外界环境中的器官，不断面临微生物的挑战；因此，EcLAAO2 在这些部位的高表达提示 EcLAAO2 可能参与了对入侵病原体的免疫防御。其他鱼类 LAAO 基因的表达谱也有报道。在岩鱼中，编码黏液酶的 LAAO 基因在皮肤和鳃中高度表达，在卵巢或肾中表达量较低。大西洋鳕鱼（Gadus morhua）GmLAAO 在鳃、肝、脾和头肾中表达量较高，在皮肤和肠道中表达量较低。在罗非鱼中，肠道 LAAO mRNA 水平最高，其次是血液、肾、皮肤和肝。

为了确定 EcLAAO2 是否参与免疫应答，在 LPS 和 poly（I：C）攻击后，分析了其在多个免疫器官（包括鳃、头、肾、肠、肝和脾）中的表达模式。LPS 攻毒后，注射后 6 h，EcLAAO2 在头肾、肝和脾中的表达显著上调，之后表达水平下降。在 3 个器官中，肝的诱导表达量相对较低。与头部、肾、肝和脾相反，鳃和肠在 LPS 刺激后均表现出不变的 EcLAAO2 表达。poly（I：C）刺激的结果显示，所有受检器官均表现出相似的 EcLAAO2 表达模式，即在 6 h 和此后下降。在 5 个器官中，肝的表达量最高且最可持续，可持续到 24 h。LPS 刺激模拟细菌感染，与研究人员之前得到的结果相似，即细菌感染在大西洋鳕鱼和罗非鱼中诱导 LAAO 基因表达。然而，存在一些差异。细菌刺激后，大西洋鳕鱼在皮肤、鳃、脾和头肾中的 LAAO 表达显著增加，罗非鱼在肠道、肝和脾中 LAAO 表达显著上调。因此，细菌感染刺激大西洋鳕鱼和罗非鱼 LAAO 基因在黏膜和内脏的表达，但 EcLAAO2 在 LPS 刺激后，其在鳃和肠等黏膜器官的表达相对没有变化。与 LPS 相比，poly（I：C）刺激在所有 5 个被检查器官中引发了更强的 EcLAAO2 表达诱导。poly（I：C）刺激模拟了病毒感染，病毒感染对 LAAO 基因表达的影响尚未在鱼类中报道。poly（I：C）诱导 EcLAAO2 表达，提示 EcLAAO2 在病毒感染过程中发挥一定作用。蛇毒 LAAO（SV–LAAO）已被证明以剂量依赖的方式抑制 HIV–1 的感染和复制。

笔者提出 SV–LAAO 与细胞膜的结合以及 SV–LAAO 产生的过氧化氢共同作用于细胞膜，研究了 rEcLAAO2 的高分子质量是否由糖基化引起，纯化后的 rEcLAAO2 蛋白用肽 – n – 糖苷酶 F（PNGase F）处理，然后用 SDS–PAGE 分析。结果显示，经过处理的 rEcLAAO2 蛋白（lane 2）比未处理的蛋白（lane 1）迁移更快，其表达分子质量约为 55 kDa，表明 rEcLAAO2 是一种糖蛋白。LAAO 以二聚体的形式存在，为了证明 rEcLAAO2 的同型二聚态，使用了戊二醛交联方法。由于 rEcLAAO2 是一个 72 kDa 的糖蛋白，该带与预测的 rEcLAAO2 二聚体大小相关。以甘氨酸、191 – 氨基酸和 d– 色氨酸为底物，采用过氧化氢法测定纯化后的 rEcLAAO2 的 LAAO 酶活性。用 L–Trp 和 L–Phe 检测到的比活性最高，用 D–Trp 替代 L–Trp 时未检测到 LAAO 活性。为了确定酶活性的最佳 pH，在不同 pH 下测定了 rEcLAAO2 的活性，结果表明，rEcLAAO2 在 pH7.5 时具有最佳活性，EcLAAO2 对 L–Trp 和 L–phe 具有底物偏好，这是出乎意料的，因为除了最近报道的石斑鱼血清 LAAO 之外，所有其他已确定具有底物特异性的鱼 LAAO 都优先氧化 L–lys。因此，EcLAAO2 是第二个使用 L–Lys 以外的氨基酸作为底物的鱼 LAAO。

为了研究 rEcLAAO2 是否介导抗菌作用，采用两种方法对 4 种细菌进行了测试。首先采用直接镀法，LB 琼脂板上的清晰区清楚地显示，rEcLAAO2 可以抑制固体培养基上革兰氏阳性菌（枯草芽孢杆菌和金黄色葡萄球菌）和革兰氏阴性菌（大肠杆菌和副溶血性弧菌）的生长。微量稀释肉汤法测定 rEcLAAO2 对 4 种细菌的最低抑菌浓度（MIC）和最低杀菌浓度（MBC），结果显示，rEcLAAO2 对副溶血性弧菌最具活性，MIC 为 0.5 μg/mL，其后依次为金黄色葡萄球菌、枯草芽孢杆菌和大肠杆菌，MIC 分别为 1 μg/mL、1.25 μg/mL 和 10 μg/mL。rEcLAAO2 对 4 种细菌的 MBC 值差异较大，且远高于 MIC 值。其中副溶血性弧菌和枯草芽孢杆菌的 MBC 值分别为 5 μg/mL 和 50 μg/mL。另外两种细菌的 MBC 值过高，无法正确测定。最后，过氧化氢酶的存在完全消除了 rEcLAAO2 的抗菌活性，说明过氧化氢介导了 rEcLAAO2 的抗菌活性。

色氨酸结合的 EcLAAO2 模型（EcLAAO2-trp）和赖氨酸结合的 SsLAAO（SsLAAO-lys）的结构预测。接下来，从结构角度来解释 EcLAAO2 和 SsLAAO 的底物特异性。迄今为止，LAAO 催化的 L-氨基酸氧化机制已通过 Calloselasma rhodostoma LAAO（CrLAAO）的结构研究揭示。简而言之，CrLAAO 的晶体结构表明，该酶含有 3 个催化 L-氨基酸氧化的结构域：（1）FAD 结合结构域，它提供了一个容纳 FAD 的腔；（2）底物结合结构域，与 FAD 结合结构域相邻，为氨基酸提供底物结合位点（即为 Cr-LAAO 提供 L-Phe）；（3）螺旋结构域，它构成了一个漏斗形入口的一侧。此外，基于 CrLAAO-Phe 复合物的晶体结构，Moustafa 等提出假设 His223 和 Arg322 在 Phe 的结合和释放中起着关键作用。

EcLAAO2 和 CrLAAO 的氨基酸序列比对表明，这两种蛋白质高度相似。EcLAAO2 和 CrLAAO 的序列同一性和相似性分别为 44% 和 62%。这表明，EcLAAO2 利用类似 CrLAAO 的机制催化其底物转化。有趣的是，EcLAAO2 更倾向于催化 L-Phe 和 L-Trp 的氧化，而不是 L-Lys，这被确定为其他鱼类 LAAO 的首选底物。为了解释这种差异，研究人员构建了 L-Trp 结合的 EcLAAO2（EcLAAO2-trp）和 L-Lys 结合的 SsLAAO（SsLAAO-Lys）两种蛋白模型。单体 EcLAAO2 模型具有与 CrLAAO 相似的拓扑结构，并包含 3 个功能域。此外，注意到 EcLAAO2 模型有一个大的漏斗状入口和一个大的 L-氨基酸结合口袋。这两个特性可以帮助 EcLAAO2 靶向具有大侧链的氨基酸（如 L-Trp 和 L-Phe）。接下来，研究人员比较了 L-phi 结合的 CrLAAO（CrLAAO-Phe）、EcLAAO2-Trp 和 SsLAAO-Lys 模型。这 3 种 LAAO 在氨基酸序列和三维结构上高度相似。然而，研究人员注意到这 3 种 LAAO 中 L-氨基酸结合的几个重要残基是不同的。在 EcLAAO2-Trp 模型的 L-氨基酸结合口袋中，与 CrLAAO 的 His223 和 Arg322 相对应的两个残基分别是 Ile247 和 Ala349。首先，在这两个残基中，EcLAAO2 Ile247 的甲基共享与 CrLAAO His223 的咪唑有类似的作用，它与 L-色氨酸的芳香环有烷基-π 相互作用。此外，Ile247 的疏水特性阻止 EcLAAO2 与亲水氨基酸结合。其次，CrLAAO Arg322 侧链上的亚甲基与苯的芳香环产生疏水相互作用。相比之下，EcLAAO2 Ala349 的侧链比 CrLAAO Arg322 的侧链要小得多，并且不与和 EcLAAO2 结合的 Trp 冲突。研究人员假设这种 Arg–Ala 替代参与了 EcLAAO2 的 L – 氨基酸选择。一方面，EcLAAO2 Ala349 的短侧链为大氨基酸创造了一个大的结合腔，而小氨基酸由于缺乏范德华接触而无法与 Ile247 相互作用。这就解释了为什么 EcLAAO2 不能催化 Gly、Ala、Pro、Leu、Ile 和 Cys 等小疏水氨基酸。另一方面，SsLAAO 的 L – 氨基酸结合位点上对应的残基为带负电荷的 Asp276 和 Asp376。由于电荷 – 电荷相互作用，SsLAAO 倾向于与带正电的氨基酸结合，如 L–Lys。综上所述，研究人员的模型解释了 EcLAAO2 和其他报道的鱼类 LAAO 在底物选择上的差异。

EcLAAO2 的特征扩展了研究人员对鱼类 LAAO 的理解。据研究人员所知，这是第一个发现鱼类 LAAO 可以在系统发育上分为两个支系的研究，而且这两个支系似乎是从一个共同的祖先分别进化而来，利用不同的 L – 氨基酸底物来执行（不同的）免疫功能。在分支 1 中，10 个成员中有 6 个被证明优先氧化 L – 赖氨酸。这些分子主要从皮肤黏液或血清中纯化，通过氧化 L – 赖氨酸产生过氧化氢，具有抗菌或抗寄生虫活性；因此，它们被认为是第一线的先天防御分子。在 Clade 2 中，虽然只有一个成员 EcLAAO2 被确定具有底物特异性，但这 7 个成员具有较高的氨基酸序列相似性（73%~92%）和同一性（60%~92%），这表明这些成员在结构、功能和底物特异性上应该是保守的。EcLAAO2 不使用 L–Lys，而是优先氧化 L–Trp 和 L–Phe 生成过氧化氢来发挥其抗菌活性。通过对 IL4I1 的研究推断，研究人员预测 EcLAAO2 除抗菌活性外，还应具有其他免疫功能。IL4I1 首先在小鼠 B 细胞中被鉴定为白细胞介素 4（IL–4）诱导的基因，然后在人类中被鉴定出其同源物。人类 IL4I1 主要在髓系免疫细胞中表达，尤其是单核 / 巨噬细胞和树突状细胞，其在树突状细胞中的表达可通过 poly（I：C）和 LPS 处理诱导。hIL4I1 优先使用 L–Phe 作为底物，其次是 L–Trp。

在免疫功能方面，hIL4I1 具有抗菌和免疫调节活性；对于后者，这种酶通过作为一种免疫抑制酶来调节适应性免疫，调节 B 细胞和 T 细胞的增殖、分化和功能。考虑到 EcLAAO2 与 IL4I1 具有相似的底物特异性以及 poly（I：C）和 LPS 诱导表达，研究人员推测 EcLAAO2 以及分支 2 中的其他成员除了抗菌活性外，还具有其他免疫功能。综上所述，EcLAAO2 是一种具有明显底物偏好的新型鱼类 LAAO，因此，值得研究 EcLAAO2 是否具有免疫调节功能或其他免疫功能，这将有助于揭示 LAAO 对鱼类免疫的重要性［最近，大阪和 Kitani（2021）报道了从红斑石斑鱼（*Epinephelus akaara*）血清中分离出 LAAO］。纯化后的 akaara 血清 LAAO 表现出对 L−Trp、L−Met 和 L−Phe 的偏好。通过简并 PCR 得到其部分基因序列，认为该菌株血清 LAAO 与 AGQ48130 EcLAAO 同源，因为它们具有 92% 的同源性和 95% 的相似性。这表明 AGQ48130 EcLAAO 可能更倾向于氧化 L−Trp、L−Met 和 L−Phe，这与研究人员的假设不一致，因为研究人员假设 Clade1 中的 LAAO 对 L−Lys 具有底物偏好。为了解决这一难题，研究人员将从杆状病毒表达系统中表达并纯化 AGQ48130 EcLAAO，然后研究其底物偏好。

综上所述，L− 氨基酸氧化酶在几种鱼类中被鉴定为对抗细菌感染的第一线防御分子。本文报道了赤点石斑鱼（*Epinephelus coioides*）LAAO 基因 EcLAAO2 的克隆与鉴定。cDNA 全长 3 030 bp，有一个编码 511 个氨基酸的 ORF。EcLAAO2 主要在鳍、鳃、肠中表达。脂多糖（LPS）和聚（I：C）攻击后，其在多个免疫器官中的表达上调。重组 EcLAAO2 蛋白（rEcLAAO2）从杆状病毒表达系统中表达和纯化，被确定为一种糖基化二聚体。根据过氧化氢生成实验，该重组蛋白被鉴定为具有 LAAO 酶活性，底物偏好 L−Phe 和 L−Trp，但不像其他已知的鱼类 LAAO 酶那样具有 L−Lys 酶活性。rEcLAAO2 能有效抑制副溶血性弧菌、金黄色葡萄球菌和枯草芽孢杆菌的生长，但对大肠杆菌的生长抑制作用较弱。最后，构建基于序列同源性的蛋白质模型，预测 EcLAAO2 的三维结构，并解释 EcLAAO2 与其他报道鱼类 LAAO 在底物特异性上的差异。总之，本研究确定 EcLAAO2 是一种新型的鱼 LAAO，其对底物的偏好不同于其他已知的鱼 LAAO，并揭示了它可能对入侵病原体起作用。

第二节　赤点石斑鱼失血诱导头肾 L-氨基酸氧化酶基因表达谱分析

在本研究中，在赤点石斑鱼的血清中新发现了一种抗菌 LAAO，它对芳香族和疏水性氨基酸表现出广泛的底物特异性。在正常情况下，石斑鱼 LAAO 基因在肾脏中的表达水平较低，但在失血后 1 d，该基因表达显著上调，并在 3 d 内恢复。该机制表明 LAAO 在整个石斑鱼鱼体天然免疫中发挥了重要作用研究背景。

先天免疫系统对鱼类至关重要。溶菌酶、凝集素和抗菌肽等与先天免疫相关的分子已经得到了广泛研究，它们可以非特异性地杀死或抑制病原体的生长。L-氨基酸氧化酶是课题组最早从许氏平鲉鱼体表面黏液中发现的抗菌分子的新成员。最近在石斑鱼和黄斑蓝子鱼的血清中发现了 LAAO。石斑鱼血清 LAAO 比石斑鱼皮肤黏液 LAAO 具有更广泛的抗菌活性。此外，研究表明，黄斑蓝子鱼血清 LAAO 可杀灭刺激隐核虫。这些结果表明，这两种鱼的血清都可能对病原体通过血液扩散起到免疫保护作用。

然而，由于鱼类多样性，鱼类的 LAAO 免疫功能还没有完全被了解。为了解 LAAO 在鱼类中的免疫功能，我们对鱼类血液中 LAAO 活性进行了评价，发现赤点石斑鱼的血清具有较强的 LAAO 活性。在本研究中，我们报道了赤点石斑鱼血清 LAAO 的分离、底物氨基酸特异性及其抗菌活性，研究了失血引起的 LAAO 活性和 LAAO 基因表达谱的变化。

一、LAAO 底物活性测定

将 25 μL 含 0.01 U/mL 猪胰腺过氧化物酶、5 mg/mL 邻苯二胺的 1M Tris-HCl（pH 7.5）和 25 μL 的 20 mmol/L L-氨基酸底物在 4 mol/LNaCl 溶液中混合，依次加入 25 μL 的血清样品中。在 37℃暗室中孵育 60~150 min 后，加

入 100 μL 的 1 mol/L H₂SO₄ 终止反应，在 492 nm 的吸光度测定。选用甘氨酸和 L–精氨酸、L–组氨酸、L–赖氨酸、L–天冬氨酸、L–谷氨酸、L–丝氨酸、L–蛋氨酸、L–色氨酸、L–苯丙氨胺、L–半胱氨酸、L–脯氨酸、L–酪丙氨酸、L–酪氨酸、L–异亮氨酸检测赤点石斑鱼血清 LAAO［n=10，（209±25.9g）］的底物氨基酸特异性。

赤点石斑鱼血清的 LAAO 最适底物是 L–色氨酸，其次是 L–蛋氨酸和 L–苯丙氨酸；与 L–组氨酸、L–丙氨酸、L–亮氨酸、L–酪氨酸均有弱反应。纯化的 LAAO 的底物特异性与粗血清相同。

二、LAAO 抗菌活性测定

将哈维氏弧菌 NBRC–15634 的单个菌落接种到含有 1.5% 氯化钠的胰蛋白酶大豆肉汤中，在 25℃下培养 16 h。为获得对数期细胞，将 50 μL 的培养菌液转移到添加 1.5% 氯化钠的新鲜胰蛋白酶大豆肉汤中，在 25℃下培养 3 h，离心。将 1×10⁵ CFU 的细胞洗涤后，均匀接种在含 2%NaCl 的 Mueller–Hinton 琼脂上，使用打孔器在琼脂平板制作直径 2 mm 的点样孔。将 5 μL 的粗血清加到孔中，在 4℃下孵育 2 h，直到样品完全渗透。将该平板在 25℃下孵育 18 h，根据抑菌圈的直径评价其抗菌活性。为了确定过氧化氢介导的抗菌活性，在接种细菌之前，将 500 个单位的过氧化氢酶涂抹在琼脂平板上。结果表明，抗哈维氏弧菌粗血清抑菌圈直径为（9.3±0.35）mm。相反，在添加过氧化氢酶的平板上没有观察到抑制生长区。

三、血清 LAAO 的纯化

为纯化 LAAO，将鱼冷冻麻醉。使用一次性注射器从尾静脉采集全血。血液在 4℃下凝固过夜，离心后收集血清。用蠕动泵以 0.5 mL/min 的流速将血清混合并进行 High–Q 阴离子交换层析。用 CHT–5–I 羟基磷灰石高效液相色谱柱混合纯化 High–Q 柱中的 LAAO 组分。羟基磷灰石提纯的 LAAO 组分用离心超滤装置在 4℃下 5 000×g 浓缩 20 min。用 Superdex S200 柱对该浓缩物进行凝胶过滤。使用 Mono Q GR5/50 阴离子交换高效液相色谱柱进行后续纯化。

在 High–Q 阴离子交换层析纯化的第一步中，LAAO 活性部分用 0.25 mol/L NaCl–0.01 mol/L Tris–HCl 缓冲液（pH 7.5）洗脱，洗脱级数为 36~38。在含有 0.5 mol/L 氯化钠的洗涤缓冲液洗脱的流过组分和洗脱组分中未检测到 LAAO 活性。将 High–Q 层析得到的 LAAO 组分混合后应用于 CHT 羟基磷灰石高效液相色谱柱。LAAO 的洗脱保留时间为 18~21 min。在 447 nm 监测中，在 19.0 min 处检测到单峰，且与 LAAO 活性平行。凝胶过滤后，在 20~21.4 min 检测到 LAAO 活性，这与 447 nm 峰的保留时间相同。最终的 Mono Q 阴离子交换显示在 280 nm 处有一个具有 LAAO 活性的主峰，在 447 nm 处有一个对称的峰。两个峰的保留时间相同。

通过与标准蛋白的保留时间比较，凝胶过滤 HPLC 估计 LAAO 的分子量为 450 kDa。SDS–PAGE 显示在 67 kDa 处有一条主带。通过 SDS–PAGE 观察到完整 LAAO 的降解产物的分子量分别为 124 kDa 和 256 kDa。

四、纯化蛋白的氨基酸序列分析

将纯化蛋白进行 SDS–PAGE，并用半干吸墨法将 LAAO 印迹到聚偏二氟乙烯膜上。用 0.03% 考马斯亮蓝 R250 在 10% 醋酸 –10% 甲醇溶液中染色。切下 LAAO 带采用 Edman 降解分析。为了进行内部氨基酸序列分析，将纯化的 LAAO 用 10 AU 赖氨酰内肽酶在 400 μL 1.5 mol/L 尿素 –0.1 mol/L Tris–HCl 中 37℃下消化 16 h。用反相高效液相色谱柱，用 0.01% 三氟乙酸溶液中 0–Q70% 的乙腈线性梯度洗脱 120 min。收集内部多肽，冻干，并按上述方法进行测序。

赤点石斑鱼 LAAO 的 N– 末端为 DDITEVPDD，片段 1 为 YDVWPSEK，片段 2 为 NEEEGWYVELGAM，片段 3 为 RWSDDPYSLGAFALF，除片段 3 的 L14 残基外，其余片段与已知的斜纹石斑鱼 LAAO 序列相同（GenBank 登录号为 JX856142）。

五、LAAO 基因的简并 PCR

提取赤点石斑鱼脾中的总 RNA。用 SuperScript Ⅲ 逆转录酶进行逆转录。根据上述的氨基酸序列设计简并引物。Go–toDNA 聚合酶的扩增条件为：1 个循环的酶激活步骤（94℃，5 min），然后是 30 个循环的 94℃变性步骤（30 s）、55℃退火步骤（30 s）和 72℃延伸步骤（3 min）。将扩增产物与 pGEM T 质粒载体连接，克隆到 TOP10 大肠杆菌中。用 pGEM 载体引物对克隆的质粒进行 Sanger 测序。

通过简并 PCR 扩增出赤点石斑鱼部分 LAAO 基因。对该扩增片段进行测序和克隆（DDBJ 登录号为 LC521886）。赤点石斑鱼 LAAO 基因部分序列（470 bp）与鱼类 LAAO 相似。

六、失血引起 LAAO 活性变化

用 0.015% 三卡因麻醉赤点石斑鱼幼鱼 [$n=35$，（ 73 ± 2.19 g）]，尽可能多地从尾静脉放血，至少为体重的 1%。采血后，除第一组外，所有实验鱼均用 0.01% 硝氟苯乙烯钠在 20℃的充气海水中消毒 2 h，保存在 200 L 的海水罐中，水温为 20℃，有水循环和温度控制系统，直到取样。分别于出血后 1 d、3 d、1 周、2 周和 3 周从水池中随机处死 6~7 条幼鱼。为进行基因表达分析，取脾和肾组织于 –30℃保存至使用。血样用于红细胞比容测定、蛋白浓度测定和 LAAO 活性测定。

测定红细胞比容和血浆蛋白浓度，以确定血液去除效果。健康幼鱼的红细胞比容为（ 28 ± 0.863 ）%。出血后 1 d 降至（ 14 ± 0.427 ）%，3 周后恢复（ $P < 0.05$ ）。血浆蛋白浓度在出血后 1 周略有下降，2 周后恢复 LAAO 水解 L-色氨酸的活性，在治疗后 3 d 最高。这一数值是初始组的 1.7 倍，是放血组的 3 倍。这种影响在出血后 1 周减弱。

七、失血引起 LAAO 基因表达的变化

根据获得的赤点石斑鱼 LAAO 基因部分序列，设计了 LAAO 基因特异性引

物。使用 LightCycler96 的聚合酶链反应条件如下：一个循环的酶激活步骤（95℃，10 min）、40 个循环的 95℃变性步骤（10 s）和 60℃退火 / 延伸步骤（30 s）。用 Delta–Delta Ct 法计算目的基因的表达值。用公式 E=–1+10（–1/ 斜率）× 100 计算聚合酶链反应效率（E）。根据纯化 PCR 产物的稀释系列估算斜率。

在实验过程中，脾 LAAO 基因的表达谱没有显著变化。相反，赤点石斑鱼失血后第 1d，头肾 LAAO 基因的表达量是初始组的 65 倍（$P < 0.05$），显著上调表达。这种影响在出血后 3 d 减弱。

八、小结

本研究在赤点石斑鱼血清中发现了一种新的抗菌 LAAO，并推测其功能如下：（1）正常情况下，该分子通过血液在全身循环。（2）鱼体被咬伤或创伤时，血清 LAAO 可阻止病原体从伤口侵入。（3）在鱼体大量失血 1 d 后，头肾 LAAO 显著上调表达。本研究首次发现鱼类 LAAO 与创伤关联，有助于进一步了解鱼类 LAAO 的在鱼体失血后发挥的作用。

参考文献

韩引芳，1992.参三七抗肝纤维化的临床观察［J］.实用中医内科杂志，6（4）.

黄剑钧，2009.蛇毒 L–氨基酸氧化酶的研究进展［J］.世界肿瘤杂质，8（2）：91–95.

解庭波，2008.大肠杆菌表达系统的研究进展［J］.长江大学学报 c：自然科学版，5（3）：77–82.

黎睿君，等，2013.黄斑蓝子鱼皮肤黏液对刺激隐核虫及一些病原菌的抑杀作用［J］.水生生物学报，（2）：243–251.

刘宁，等，2015.患病细鳞鱼杀鲑气单胞菌的分离与鉴定［J］.淡水渔业，（1）：88–92.

刘晓飞，等，2011.蛇毒蛋白原核表达包涵体复性研究进展［J］.中国生物工程杂志，（3）：113–119.

吕俊超，等，2009.养殖大菱鲆病原菌——杀鲑气单胞菌无色亚种的分离鉴定和组织病理学研究［J］.中国海洋大学学报自然科学版，39（1）：91–95.

王方华，2010.黄斑蓝子鱼血清抗寄生虫及细菌活性物质的研究［D］.中山大学水生生物学.

杨嘉龙，周丽，邢婧，等.养殖刺参溃疡病杀鲑气单胞菌的分离、致病性及胞外产物特性分析［J］.中国水产科学，2007（6）.

杨先乐，1989.鱼类免疫学研究的进展［J］.水产学报，（3）：271–284.

余志良，等，2012.L–氨基酸氧化酶的研究进展［J］.中国生物工程杂志，32（3）：125–135.

张永安，2000.鱼类免疫组织和细胞的研究概况［J］.水生生物学报，（6）：648–654.

周鹏，2012.寡发酵链球菌的 L–氨基酸氧化酶在抗氧胁迫中的功能研究［D］.中国科学院研究生院微生物学.

ALOUSH V，et al，2006.Multidrug–resistant Pseudomonasaeruginosa：risk factors and clinicalimpact.Antimicrob Agents Chemother，50（1）：43–48.

ANDE S R；et al，2008. Induction of apoptosis in yeast by L–amino acid oxidase from the Malayan pit viper Calloselasma rhodostoma. ［J］.Yeast，2008，25（5）：349–357.

ANDE S R，et al，2006.Mechanisms of cell death induction by Lamino acid oxidase，a major component of ophidian venom.Apoptosis 11（8）：1439–1451.doi：10.1007/s10495–006–7959–9.

ANDE S R，et al，2008. Induction of apoptosis in yeast by L–amino acid oxidase from the Malayan pit viper Calloselasma rhodostoma.Yeast 25（5）：349–357.doi：10.1002/yea.1592.

BOYCE J M，et，al，2005. Methicillin–resistant Staphylococcus aureus.Lancet Infect Dis，5（10）：653–663.doi：10.1016/S1473–3099（05）70243–7.

BUTZKE D，et al，2005. Cloning and biochemical characterization of APIT，a new l–amino acid oxidase from Aplysia punctata ［J］.Toxicon，46（5）：479–489.

BUTZLKE D，et，al，2004. Hydrogen peroxide produced by Aplysia ink toxin kills tumor cell independent of apoptosis via peroxiredoxin I sensitive pathways.Cell Death Differ 11（6）：608–617.

Chen K，Wang C.Q，Fan Y Q，et al，2014. The evaluation of rapid cooling as an anesthetic method for the zebrafish.Zebrafish，11，71–75.

CHU C C，PAUL W E，1997. Fig1，an interleukin 4–induced mouse B cell gene isolated by cDNA representational difference analysis.Proc Natl Acad Sci U S A 94：2507–2512.

CISCOTTO P，et al，2009. Antigenic，microbicidal and antiparasitic properties of an l–amino acid oxidase isolated from Bothrops jararaca snake venom ［J］.Toxicon，53（3）：330–341.

CLIFFORD D P，REPINE J E，1982. Hydrogen peroxide mediated killing of bacteria.Mol Cell Biochem，49（3）：143–149.

COHEN ML，WONG ES，FAKKOW S，1982. Common R–plasmids in Staphylococcus aureus and Staphylococcus epidermidis during a nosocomial Staphylococcus aureus outbreak.Antimicrob Agents Chemother 21（2）：210–215.

COHEN–NAHUM K，et al，2010. Urinary tract infections caused by multi–drug resistant Proteus mirabilis：risk factors and clinical outcomes.Infection 38（1）：41–46.doi：10.1007/s15010–009–8460–5.

COSTA TORRES AF，et al，2010. Antibacterial and antiparasitic effects of Bothrops marajoensis venom and its fractions：phospholipase A2 and L–amino acid oxidase.Toxicon，55（4）：795–

804.

DAL FORNO, et al, 2013. Intraperitoneal exposure to nano/nicroparticles of fullerene（C60）increases acetylcholinesterase activity and lipid peroxidation in adult zebrafish（Danio rerio）brain.Biomed Res Int.2013, 623789.

DANG H F., et al, 2020. Expression profiles of immune–related genes in coelomocytes during regeneration after evisceration in Apostichopus japonicus.Invertebr.Survival J.17, 138–146.

DE MELO ALVES PAIVA R, et al, 2011. Cell cycle arrest evidence, parasiticidal and bactericidal properties induced by L–amino acid oxidase from Bothrops atrox snake venom.Biochimie, 93（5）: 941–947.doi: 10.1016/j.biochi.2011.01.009.

DU X Y, CLEMETSON K J, 2002. Snake venom L–amino acid oxidases.Toxicon 40（6）: 659–665.

Ehara T, Kitajima S, Kanzawa N, et al, 2002. Antimicrobial action of achacin is mediated by L–amino acid oxidase activity.FEBS Lett, 531（3）: 509–512 .

ELLIS A E, 2001. Innate host defense mechanisms of fish against viruses and bacteria［J］. Developmental & Comparative Immunology, 25（8–9）: 827–839.

El–SAYED A S, SHINDIA A A, ZAHER YL, 2012. Amino acid oxidase from filamentous fungi: screening and optimization［J］.Annals of Microbiology, 62（2）: 773–784.

FARUQUE A S, et al, 2007. Emergence of multidrug–resistant strain of Vibrio cholerae O1 in Bangladesh and reversal of their susceptibility to tetracycline after two years.J Health Popul Nutr 25（2）: 241–243.

FAUST A, et al, 2007. The structure of a bacterial L–amino acid oxidase from Rhodococcus opacus gives new evidence for the hydride mechanism for dehydrogenation.J.Mol.Biol.367, 234–248.

FERNÁNDEZ–Trujillo M A, et al, 2008. c–Lysozyme from Senegalese sole（Solea senegalensis）: cDNA cloning and expression pattern.Fish Shellfish Immunol.25, 697–700.

FRIDKIN SK, 2001. Vancomycin–intermediate and –resistant Staphylococcus aureus: what the infectious disease specialist needs to know.Clin Infect Dis, 32（1）: 108–115.

GÓMEZ D, et al, 2008. The macromolecule with antimicrobial activity synthesized by Pseudoalteromonas luteoviolacea strains is an L–aminoacid oxidase.Appl Microbiol Biotechnol 79

（6）: 925–930.

HAN X, et al, 2020. Recombinant expression and functional analysis of antimicrobial Siganus oramin L–amino acid oxidase using the Bac–to–Bac baculovirus expression system.Fish Shellfish Immunol.98, 962–970.

HANANE–FADILA Z M, FATIMA L D, 2014. Purification, characterization and antibacterial activity of L–amino acid oxidase from Cerastes cerastes.J Biochem Mol Toxicol, 28（8）: 347–354.

HE R Z., et al, 2020. Development of an immersion challenge model for Streptococcus agalactiae in Nile tilapia（Oreochromis niloticus）.Aquaculture.531, 735877.

HIKIMA J, et al, 2001. Molecular cloning, expression and evolution of the Japanese flounder goose–type lysozyme gene, and the lytic activity of its recombinant protein.Biochim.Biophys. Acta.1520, 5–44.

HOLLAND et al, 2002. The complement system in teleosts.Fish Shellfish Immunol.12, 399–420.

Huycke M M, Sahm D F, Gilmore M S, 1998. Multiple–drug resistant enterococci: the nature of the problem and an agenda for the future.Emerg Infect Dis 4（2）: 239–249.

IIJIMA R, KISUGI J, YAMAZAKI M, 2003. L–amino acid oxidase activity of an antineoplastic factor of a marine mollusk and its relationship to cytotoxicity［J］.Dev Comp Immunol, 27（6–7）: 505–512.

IMLAY JA, Linn S, 1988. DNA damage and oxygen radical toxicity.Science 240: 1302–1309.

IZIDORO L F, et al, 2014. Snake venom Laminoacid oxidase: trends in pharmacology and biochemistry.Biomed Res Int, 2014: 196754.

IZIDORO LF, et al, 2006. Biochemical and functional characterization of an L–amino acid oxidase isolated from Bothrops pirajai snake venom.BioorgMed Chem, 14（20）: 7034–7043.

JIANG B, et al, 2017. L–amino acid oxidase expression profile and biochemical responses of rabbitfish（Siganus oramin）after exposure to a high dose of Cryptocaryon irritans.Fish Shellfish Immunol, 69, 85–89.

JUNG S.K, et al, 2000. Purification and cloning of an apoptosis–inducing protein derived from fish infected with Anisakis simplex, a causative nematode of human anisakiasis.J.Immunol.165,

1491–1497.

KAMIYA H A M K, 1986. Aplysianin–A, an antibacterial and antineoplastic glycoprotein in the albumen gland of a sea hare, Aplysia kurodai [J] .Experientia, 42 (9): 1065–1067.

KASAI K, et al, 2010. Novel l–amino acid oxidase with antibacterial activity against methicillin–resistant Staphylococcus aureus isolated from epidermal mucus of the flounder Platichthys stellatus.FEBS J.277, 453–465.

KASAI K, et al, 2015. Recombinant production and evaluation of an antibacterial L–amino acid oxidase derived from flounder Platichthys stellatus.Appl Microbiol Biotechnol.

KISUGI J, KAMIY H, YAMAZAKI M, 1987. Purification and characterization of aplysianin E, an antitumor factor from sea hare eggs [J] .Cancer Research, 47 (21): 5649–5653.

KITANI Y, et al, 2007. Gene expression and distribution of antibacterial L–amino acid oxidase in the rockfish Sebastes schlegeli.Fish shellfish Immunol 23, (6): 1178–1186.

KITANI Y, et al, 2007. Identification of an antibacterial protein as L–amino acid oxidase in the skin mucus of rockfish Sebastes schlegeli.FEBS J, 274 (1): 125–136.

KITANI Y, et al, 2008. Antibacterial action of L–amino acid oxidase from the skin mucus of rockfish Sebastes schlegelii.CompBiochem Physiol B Biochem Mol Biol 149 (2): 394–400.

KITANI Y, Fernandes J M, Kiron V, 2013. L–amino acid oxidase – A self defense molecule of Atlantic cod [J] .Fish & Shellfish Immunology, 34 (6): 1658–1659.

KO K C, TAI P C, Derby C D, 2012. Mechanisms of action of escapin, a bactericidal agent in the ink secretion of the sea hare Aplysia californica: rapid and long–lasting DNA condensation and involvement of the OxyR–regulated oxidative stress pathway.Antimicrob Agents Chemother 56, (4): 1725–1734.

KUNISHIMA H, et al, 2010. Methicillin resistant Staphylococcus aureus in a Japanese community hospital: 5–year experience.J Infect Chemother, 16 (6): 414–417.

Lee M L, et al, 2011. Antibacterial action of a heat–stable form of L–amino acid oxidase isolated from king cobra (Ophiophagus hannah) venom.Comp Biochem Physiol C Toxicol Pharmacol, 153 (2): 237–242.

Lee M L, et al, 2014. Antiproliferative activity of king cobra (Ophiophagus hannah) venom L–

amino acid oxidase.Basic Clin Pharmacol Toxicol，114（4）：336–343.

LEVY S B，MARSHALL B，2004. Antibacterial resistance worldwide：causes，challenges and responses.Nat Med 10（12 suppl）：S122–S129.

LI，et al，2013. Siganus oramin recombinant L–amino acid oxidase is lethal to Cryptocaryon irritans.Fish Shellfish Immunol.35，1867–1873.

LI，et al，2014. Antibacterial efficacy of recombinant Siganus oramin L–amino acid oxidase expressed in Pichia pastoris.Fish Shellfish Immunol.41，356–61.

LIU，et al，2009. Threatened fishes of the world：Anabarilius grahami Regan，1908（Cyprinidae）. Environ.Biol.Fishes.86，399–400.

LIU，et al，2014. Outbreak of Streptococcus agalactiae infection in barcoo grunter，Scortum barcoo（McCulloch & Waite），in an intensive fish farm in China.J.Fish Dis.37，1067–1072.

LU Q M，et al，2003. L–amino acid oxidase from Trimeresurus jerdonii snake venom：purification，characterization，platelet aggregation–inducing and antibacterial effects.［J］. Journal of Natural Toxins，11（4）：345–352.

LUKASHEVA EV，BEREZOV TT，2002. L–lysine α–oxidase：physicochemical and biological properties.Biochem Mosc 67（10）：1152–1158.

MAGNADÓTTIR B，2006. Innate immunity of fish（overview）［J］.Fish & Shellfish Immunology，20（2）：137–151.

Manchanda V，Sanchaita S，Singh N，2010. Multidrug resistant acinetobacter.J Glob Infect Dis，2（3）：291–304.

MEENAKSHISUNDARAM R，et al，2009. Hypothesis of snake and insect venoms against Human Immunodeficiency Virus：a review.AIDS Res Ther 6：25.

MURAKAWA M，et al，2001. Apoptosisinducing protein，AIP，from parasite–infected fish induces apoptosis in mammalian cells by two different molecular mechanisms.Cell Death Differ，8（3）：298–307.

NAGAOKA K，et al，2009. L–amino acid oxidase plays a crucial role in host defense in the mammary glands.FASEB J，23（8）：2514–2520.

NAGAOKA K，et al，2014. Low expression of the antibacterial factor L–amino acid oxidase in bovine mammary gland.Anim Sci J, 85（12）：976–980.

NAGASHIMA Y, et al, 2009. Isolation and cDNA cloning of an antibacterial L–amino acid oxidase from the skin mucus of the great sculpin Myoxocephalus polyacanthocephalus［J］. Comp Biochem Physiol B Biochem Mol Biol, 154（1）：55–61.

Nagashima Y, Kikuchi N, Shimakura K, et al, 2003. Purification and characterization of an antibacterial protein in the skin secretion of rockfish Sebastes schlegeli［J］.Comp Biochem Physiol C Toxicol Pharmacol, 136（1）：63–71.

NAGASHIMAY, et al, 2009. Isolation and cDNA cloning of an antibacterial L–amino acid oxidase from the skin mucus of the great sculpin Myoxocephalus polyacanthocephalus.Comp Biochem Physiol B BiochemMol Biol, 154（1）：55–61.

NAKAMURA A, et al, 2012. Association between antimicrobial consumption and clinical isolates of methicillin–resistant Staphylococcus aureus: a 14–year study.J Infect Chemother, 18（1）：90–95.

OBARA K, et al, 1992. Molecular cloning of the antibacterial protein of the giant African snail, Achatina fulica Férussac.Eur J Biochem, 209（1）：1–6.

OHTSU I, et al, 2010. The L–cysteine/L–cystine shuttle system provides reducing equivalents to the periplasm in Escherichia coli.J Biol Chem, 285（23）：17479–17487.

OKUBO B M, et al, 2012. Evaluation of an antimicrobial L–amino acid oxidase and peptide derivatives from Bothropoides mattogrosensis pitviper venom.PLoS One, 7（3）, e33639.

PALANG, et al, 2020. Brain histopathology in red tilapia Oreochromis sp.experimentally infected with Streptococcus agalactiae serotype Ⅲ.Microsc.Res.Tech.83, 877–888.

PELGRIFT R Y, FRIEDMAN A J, 2013. Nanotechnology as a therapeutic tool to combat microbial resistance.Adv Drug Deliv Rev 65（13–14）：1803–1815.

PERUMAL SAMY R, et al, 2006. In vitro antimicrobial activity of natural toxins and animal venoms tested against Burkholderia pseudomallei.BMC Infect Dis 6：100.

PETZELT C, et al, 2002. Cytotoxic cyplasin of the sea hare, Aplysia punctata, cDNA cloning, and expression of bioactive recombinants in insect cells.Neoplasia, 4（1）：49–59.

PUIFFE M–L, et al, 2013. Antibacterial properties of the mammalian L–amino acid oxidase IL4I1.

PLoS One 8（1），e54589.

RODRIGUES R S，et al，2009. Structural and functional properties of Bp–LAAO，a new l–amino acid oxidase isolated from Bothrops pauloensis snake venom［J］.Biochimie，91（4）：490–501.

SAMEL M，et al，2008. L–amino acid oxidase from Naja naja oxiana venom.Comp Biochem Physiol B Biochem Mol Biol 149（4）：572–580.

SAMEL M，et al，2008. L–Amino acid oxidase from Naja naja oxiana venom.［J］.Comparative Biochemistry & Physiology Part B Biochemistry & Molecular Biology，149（4）：572–580.

SARAVANAKUMAR K，Kathiresan K，2012. Bioprospecting potential of marine–derived Trichoderma［J］.Asian Pacific Journal of Tropical Biomedicine，204（4）：1–8.

SAURABH，et al，2008. Lysozyme：an important defence molecule of fish innate immune system. Aquacult.Res.39，223–239.

SEPPÄLÄ H，et al，1997. The effect of changes in the consumption of macrolide antibiotics on erythromycin resistance in group A streptococci in Finland.Finnish Study Group for Antimicrobial

SHEN，et al，2015. Cloning and characterization of the gene for L–amino acid oxidase in hybrid tilapia.Mol.Biol.Rep.42，1593–1601.

SOTO S M，LOBATO M J，MENDOZA M C，2003. Class 1 integron–borne gene cassettes in multidrug–resistant Yersinia enterocolitica strains of different phenotypic and genetic types. Antimicrob Agents Chemother 47（1）：421–426.

STÁBELI RG，et al，2004. Platelet aggregation and antibacterial effects of an l–amino acid oxidase purified from Bothrops alternatus snake venom.BioorgMed Chem 12（11）：2881–2886.

Stapleton PD，Shannon KP，French GL（1999）Carbapenem resistance in Escherichia coli associated with plasmid–determined CMY–4 betalactamase production and loss of an outer membrane protein.Antimicrob Agents Chemother 43（5）：1206–1210.

STILES BG，SEXTON FW，WEINSTEIN SA，1991. Antibacterial effects of different snake venoms：purification and characterization of antibacterial proteins from Pseudechis australis （Australian king brown or mulga snake）venom.Toxicon 29（9）：1129–1141.

SUBRAMANIAN. S，MACKINNON S L，ROSS N W，2007. A comparative study on innate immune parameters in the epidermal mucus of various fish species［J］.Comp Biochem Physiol

B Biochem Mol Biol, 148（3）: 256–263.

SUBRAMANIAN S, ROSS N W, MACKINNON S L, 2008. Comparison of antimicrobial activity in the epidermal mucus extracts of fish［J］.Comp Biochem Physiol B Biochem Mol Biol, 150（1）: 85–92.

SUHR SM, KIM DS, 1999. Comparison of the apoptotic pathways induced by L–amino acid oxidase and hydrogen peroxide.J Biochem 125（2）: 305–309.

SUN Y, et al, 2002. Characterization and expression of L–amino acid oxidase of mouse milk.J Biol Chem 277（21）: 19080–19086.

TEMPONE AG, et al, 2001. Bothrops moojeni venom kills Leishmania spp.with hydrogen peroxide generated by its L–amino acid oxidase.Biochem Biophys Res Commun, 280（3）: 620–624.

TOYAMA M H, et al, 2006. Isolation of a new L–amino acid oxidase from Crotalus durissus cascavella venom.Toxicon 47（1）: 47–57.

UEDA N, Shah S V, 1992. Endonuclease–induced DNA damage and cell death in oxidant injury to renal tubular epithelial cells.J Clin Invest, 90（6）: 2593–2597.

VALLON O, 2000.New sequence motifs in flavoproteins: evidence for common ancestry and tools to predict structure. Proteins, 38, 95–114.

VARAGAS LJ, et al, 2013. Cloning and characterization of an antibacterial L–amino acid oxidase from Crotalus durissus cumanensis venom.Toxicon 64: 1–11.doi: 10.1016/j.toxicon.2012.11.027.

VARGASMUÑOZ L J et al, 2014. Characterization and cDNA sequence of Bothriechis schlegelii lamino acid oxidase with antibacterial activity.Int J Biol Macromol, 69: 200–207.

VATANSEVER F, et al, 2013. Antimicrobial strategies centered around reactive oxygen species—bactericidal antibiotics, photodynamic therapy, and beyond.FEMS Microbiol Rev, 37（6）: 955–989.

Wang F, et al, 2011. The serum of rabbitfish（Siganusoramin）has antibacterial activity to some pathogenic organismsand a novel serum L–amino acid oxidase is isolated.Fish shellfish Immunol 30（4–5）: 1095–1108.

WANG H, et al, 2001. Genetic characterization of highly fluoroquinolone–resistant clinical Escherichia coli strains from China: role of acrR mutations.Antimicrob Agents Chemother, 45（5）: 1515–1521.

WANG M, et al, 2004. Emerging plasmidmediated quinolone resistance associated with the qnr gene in Klebsiella pneumoniae clinical isolates in the United States.Antimicrob Agents Chemother, 48（4）: 1295–1299.

WANG, et al, 2010. A novel protein isolated from the serum of rabbitfish（Siganus oramin）is lethal to Cryptocaryon irritans.Fish Shellfish Immunol. 29, 32–41.

WANG, et al, 2011. The serum of rabbitfish（Siganus oramin）has antimicrobial activity to some pathogenic organisms and a novel serum L–amino acid oxidase is isolated.Fish Shellfish Immunol.30, 1095–1108.

WELLNER D, MEISTER A, 1960. Crystalline L–amino acid oxidase of Crotalus adamanteus.J Biol Chem 235: 2013–2018.

WELLNER D, MEISTER A, 1961. Studies on the mechanism of action of Lamino acid oxidase.J Biol Chem 236: 2357–2364.

WHANG, et al, 2011. Characterization and expression analysis of a goose–type lysozyme from the rock bream Oplegnathus fasciatus, and antimicrobial activity of its recombinant protein.Fish Shellfish Immunol.30, 532–542.

WHYTE S K, 2007. The innate immune response of finfish–A review of current knowledge.Fish Shellfish Immunol.23, 1127–1151.

YANG C A, et al, 2011. Identification of antibacterial mechanism of L–amino acid oxidase derived from Trichoderma harzianum ETS 323.FEBS J 278（18）: 3381–3394.

YANG H, et al, 2005. Cloning, characterization and expression of escapin, a broadly antimicrobial FAD–containing L–amino acid oxidase from ink of the sea hare Aplysia californica. J Exp Biol 208: 3609–3622.doi: 10.1242/jeb.01795.

YANG H, et al, 2005. Cloning, characterization and expression of escapin, a broadly antimicrobial FAD–containing l–amino acid oxidase from ink of the sea hare Aplysia californica［J］. Journal of Experimental Biology, 208（18）: 3609–3622.

YU Z，Qiao H，2012. Advances in non–snake venom L–amino acid oxidase［J］.Appl Biochem Biotechnol，167（1）：1–13.

YU，et al，2013. Characterization of a c–type lysozyme of Scophthalmus maximus：expression，activity，and antibacterial effect.Fish Shellfish Immunol.34，46–54.

ZAMRI–SAAD，et al，2010. Pathological changes in red tilapias（Oreochromis spp.）naturally infected by Streptococcus agalactiae.J.Comp.Pathol.143，227–229.

ZAMRI–SAAD，et al，2014. Control andprevention of Streptococcosis in cultured tilapia in Malaysia：a review.Pertanika J.Trop.Agric.Sci.37，389–410.

ZASLOFF M，2012. Antimicrobial peptides of multicellular organisms.Natural.415，389–395.

ZHANG Y J，et al，2003. Molecular characterization of Trimeresurus stejnegeri venom L–amino acid oxidase with potential anti–HIVactivity.Biochem Biophys Res Commun 309：598–604.

ZHANG，et al，2017. Molecular characteristics and the pathogenicity to zebrafish of Streptococcus agalactiae strains isolated from seven aquatic animals in China.J.Fish.China.41，1788–1797.

ZHANG，et al，2018. Research progress of fish immune system.Hebei Fish.2，49–56.

ZHAO Y，JIN Y，et al，2005. A novel heme–containing protein with anti–HIV–1 activity from skin secretions of Bufo andrewsi.Toxicon 46（6）：619–624.

ZHONG S R，et al，2009. Purification and characterization of a new L–amino acid oxidase from Daboia russellii siamensis venom.Toxicon 54（6）：763–771.